线损计算与降损措施

主　编◎李　洋　　曹　亮　　贾东强　　宋欣雨
副主编◎王彦卿　　李　彬　　罗中戈　　高　阳　　肖　倩
参　编◎张振德　　马文营　　杨　云　　苑　捷　　刘　晗　　孔令辉　　王　程
　　　　张　鹏　　张　毅　　薛贵挺　　王云鹏　　吉　正　　赵建勇　　张宏炯
　　　　孙艳飞　　刘宇奇　　王　博　　王　辰　　吴宇桐　　杨　博　　阎　阳
　　　　朱萍萍　　张湘毅　　魏昊民　　李雨荣　　杨　晨　　付　豪　　张慈杭
　　　　李天维　　刘博文　　宋嘉琚　　刘承业　　刘　杰　　杨　强　　马　通
　　　　周兴华　　张慧敏　　孙　杰　　蔡正勇　　龚利武　　王鑫洋　　侯宗祥
　　　　谷　禹　　李宏川　　许冲冲　　张　哲　　王京辉　　苏东波　　彭茂君

河海大学出版社
HOHAI UNIVERSITY PRESS
·南京·

图书在版编目(CIP)数据

线损计算与降损措施 / 李洋等主编. -- 南京：河海大学出版社，2025.5. -- ISBN 978-7-5630-9730-2

Ⅰ. TM744;TM714.3

中国国家版本馆 CIP 数据核字第 2025MU9621 号

书　　名	线损计算与降损措施 XIANSUN JISUAN YU JIANGSUN CUOSHI
书　　号	ISBN 978-7-5630-9730-2
责任编辑	齐　岩
文字编辑	殷　梓　孙梦凡
特约校对	朱阿祥
封面设计	徐娟娟
出版发行	河海大学出版社
地　　址	南京市西康路 1 号(邮编：210098)
网　　址	http://www.hhup.com
电　　话	(025)83737852(总编室) (025)83722833(营销部)
经　　销	江苏省新华发行集团有限公司
排　　版	南京布克文化发展有限公司
印　　刷	广东虎彩云印刷有限公司
开　　本	718 毫米×1000 毫米　1/16
印　　张	9.75
字　　数	177 千字
版　　次	2025 年 5 月第 1 版
印　　次	2025 年 5 月第 1 次印刷
定　　价	75.00 元

目 录

一、电网线损概述 ··· 001
  1.1 电网电能损耗的基本概念 ·· 001
    1.1.1 线损电量的定义 ··· 001
    1.1.2 线损电量的分类及组成 ·· 002
    1.1.3 线损率的定义及分类 ·· 002
    1.1.4 线损率的应用价值 ·· 003
    1.1.5 常见名词解释 ·· 004
  1.2 电网电能损耗的主要环节 ·· 004
    1.2.1 导线损耗 ·· 004
    1.2.2 变压器损耗 ·· 005
    1.2.3 电晕损耗 ·· 006
    1.2.4 其他设备损耗 ·· 007
  1.3 线损的影响因素 ·· 007
    1.3.1 技术线损影响因素 ·· 007
    1.3.2 管理线损影响因素 ·· 008
    1.3.3 综合影响因素 ·· 008
  1.4 线损管理内容 ··· 009
    1.4.1 国家电力工业体制改革前的管理体制 ··································· 009
    1.4.2 职责 ··· 010

二、线损计算基础知识 ··· 011
  2.1 线损理论计算基本概念 ·· 011
    2.1.1 线损理论计算基本方法 ·· 011
    2.1.2 线损计算重要指标 ·· 012
    2.1.3 线损理论计算作用 ·· 013
    2.1.4 线损理论计算范围 ·· 014

- 2.1.5 代表日(月)选取原则及负荷 ············ 014
- 2.1.6 线损理论计算要求 ············ 015
- 2.2 高压电网电能损耗计算 ············ 015
  - 2.2.1 基本原则 ············ 015
  - 2.2.2 潮流算法 ············ 016
  - 2.2.3 高压直流系统线损理论计算 ············ 018
  - 2.2.4 主网理论线损计算 ············ 027
  - 2.2.5 电晕和电晕损耗理论计算 ············ 030
- 2.3 配电网的电能损耗计算 ············ 032
  - 2.3.1 基本原则 ············ 032
  - 2.3.2 采用等值电阻法算电阻 ············ 033
  - 2.3.3 引入 K 系数算电流 ············ 034
  - 2.3.4 均方根电流法 ············ 035
  - 2.3.5 平均电流法 ············ 036
  - 2.3.6 电量法 ············ 036
  - 2.3.7 容量法 ············ 037
  - 2.3.8 配电网线损的其他问题 ············ 038
- 2.4 低压电网电能损耗计算 ············ 040
  - 2.4.1 计算单元 ············ 041
  - 2.4.2 台区损耗率法 ············ 041
  - 2.4.3 电压损耗率法 ············ 042
  - 2.4.4 竹节法 ············ 044
  - 2.4.5 等值电阻法 ············ 047
  - 2.4.6 迭代法 ············ 049

三、同期线损 ············ 051

- 3.1 基本概念 ············ 051
  - 3.1.1 同期线损定义 ············ 051
  - 3.1.2 同期线损基础条件 ············ 051
  - 3.1.3 同期线损意义 ············ 052
  - 3.1.4 同期线损存在困难 ············ 052
  - 3.1.5 基本流程 ············ 053
- 3.2 同期线损相关算法 ············ 054

  3.2.1 线损率 ··· 054
  3.2.2 有损线损率 ·· 054
  3.2.3 各级线损率 ·· 054
  3.2.4 同期线损异常指标 ·· 055
 3.3 线损"四分"统计计算 ··· 055
  3.3.1 分区统计计算 ·· 056
  3.3.2 分压统计计算 ·· 057
  3.3.3 分线统计线损计算 ·· 058
  3.3.4 分台区统计线损计算 ··· 064
 3.4 同期线损管理系统 ··· 065
  3.4.1 系统建设背景及意义 ··· 065
  3.4.2 同期线损系统功能 ·· 068
  3.4.3 同期线损高级应用 ·· 077

四、线损分析与治理 ·· 079
 4.1 线损统计分析 ··· 079
  4.1.1 线损统计的要求 ··· 080
  4.1.2 线损电量和线损率统计实例 ···································· 081
  4.1.3 线损分析的方法 ··· 084
  4.1.4 理论线损计算结果分析 ·· 087
  4.1.5 电网线损综合分析 ·· 087
  4.1.6 线损率分析 ··· 088
  4.1.7 线损构成分析 ·· 088
  4.1.8 网损电量分析 ·· 089
  4.1.9 实际线损率与理论线损率的对比分析 ······················· 089
  4.1.10 固定损耗与可变损耗所占比重的对比分析 ··············· 090
  4.1.11 可变损耗与固定损耗所占比重的对比分析 ··············· 091
  4.1.12 线路导线线损与变压器铜损的对比分析 ·················· 092
  4.1.13 配电线路的网损分析 ·· 092
 4.2 线损治理 ··· 096
  4.2.1 管理降损 ·· 096
  4.2.2 技术降损 ·· 102

五、技术降损评价分析 ·· 120
5.1 技术降损规划经济性评估指标体系 ·························· 120
5.2 技术降损规划经济性评估流程 ······························ 128
5.3 基于模糊评价法的技术降损规划项目经济性评估 ·············· 133
5.4 规划方案的不确定性分析 ·································· 135

六、技术降损评价案例 ·· 138
6.1 技术降损综合分析思路 ···································· 138
6.2 技术降损综合分析实际案例 ································ 140
6.2.1 配电变压器降损改造 ···························· 141
6.2.2 配电线路升级改造 ······························ 142
6.2.3 其他设备升级改造 ······························ 143

参考文献 ·· 146

一、电网线损概述

在电力系统的广阔领域中,电力损耗是一个重要的问题。它覆盖了从发电源头到最终用户之间的整个能量传输链,包括输送、转换、分配和销售等主要阶段。通常所说的线路损耗,实际上直接反映了电力系统效率,并且是评价电力网络的规划、设计、运行和商业管理水平的关键经济和技术参数[1][2]。本章将介绍电网电能损耗的一些基本概念和知识。

1.1 电网电能损耗的基本概念

1.1.1 线损电量的定义

线损电量是衡量电力系统运行效率和电能经济利用程度的一个重要指标。线损电量包括三部分:输电线损、变电线损和配电线损。具体定义如下:

1. 输电线损(Transmission Loss):输电线损是指电能在输电线路中电阻、电感和电容等因素引起的损耗。

2. 变电线损(Transformation Loss):变电线损是指电能在变电站中经过变压器、开关设备等转换过程中产生的损耗。

3. 配电线损(Distribution Loss):配电线损是指电能在配电线路中线路电阻、变压器损耗和用户用电行为等因素引起的损耗。

线损电量的概念被广泛应用。它可以用于评估电力系统的运行效率、判断电力供应质量和服务水平的优劣,以及指导电网规划、拓展和管理等方面的决策。

具体计算线损电量的方法基于电网数据,涉及对不同环节的损耗进行测量和估算。在实际应用中,常采用电能计量和监测设备、电力负荷数据、实测线路参数及单位电耗等信息,结合数学统计方法和电力系统分析技术,进行线损电量的计算和评估。

需要注意的是,在线损电量的计算过程中,还需要考虑修正系数、功率因数、季节影响等因素的影响,以提高计算结果的准确性和可靠性。同时,不同国家和地区可能存在不同的线损计算方法和标准,具体的计算公式和参数可能会有所差异。

1.1.2 线损电量的分类及组成

线损电量可以按照多种分类方式划分。以下是线损电量的几种常见分类方式:

1. 按照用途分类

(1) 供电线损:供电线路输送电能时的损耗。

(2) 理论线损:基于电力系统的实际特性和数学公式推导得出的线路损耗数值。

(3) 测算线损:根据实际测量数据或历史统计数据计算得出的线损值。

2. 按照发生的环节分类

(1) 输电线路电量损失:输电线路的电阻导致的电能损耗。

(2) 变压器损耗电量:变压器的磁耦合和电流传输引起的电能损耗。

(3) 配电线路电量损失:配电线路的电阻导致的电能损耗。

3. 按照损耗成分分类

(1) 线路导线电阻损耗:输电线路和配电线路中的导线本身的电阻导致的损耗。

(2) 无功损耗:电流矢量超前/滞后电压矢量 90°导致的电能损耗。

(3) 变压器铁损耗:变压器的磁芯材料导致的磁场变化产生的涡流损耗。

(4) 变压器铜损耗:变压器绕组的电阻导致的损耗。

(5) 过载和不平衡损耗:负载超过设备容量或存在不平衡负载而导致的额外损耗。

4. 按照时间分类

(1) 瞬时线损:在某个特定瞬间的线损值。

(2) 日线损:一天内的总线损值。

(3) 月线损:一个月内的总线损值。

(4) 年线损:一年内的总线损值。

1.1.3 线损率的定义及分类

线损率作为电力系统效率的关键衡量标准,描述了电能在从发电站传输到用户端的过程中,输电、变电和配电等环节导致的损耗与最初供应的电能总量之间的比例关系。这一比例揭示了电力在传输和分配过程中的损失水平,是评

估电力系统性能和优化能源分配的重要参数[3][4]。根据不同的划分标准,线损率可以细分为以下几种具体类型:

1. 额定负荷线损率(Nominal Load Line Loss Rate):额定负荷线损率是指在额定负荷条件下计算的线损率。

2. 平均线损率(Average Line Loss Rate):平均线损率是指在一定时间范围内,通过对线损进行统计和平均计算得出的线损率。

3. 季节线损率(Seasonal Line Loss Rate):季节线损率是指在不同季节或不同气候条件下计算的线损率。

4. 区域线损率(Regional Line Loss Rate):区域线损率是指在特定地区或区域内计算的线损率。

5. 线路分类线损率(Circuit Classification Line Loss Rate):线路分类线损率是按照电网中不同类型线路的特点和功率转移路径划分的线损率。

上述五种具体类型的线损率能够帮助电力系统运营者更准确地评估线损情况,并采取相应的措施降低线损、提高电网的经济效益和可靠性。

1.1.4 线损率的应用价值

线损率的大小直接影响着电力系统的运行效率和电能利用率,具体的计算公式如下:

$$线损率 = \frac{线路损耗 + 变压器损耗}{供给端总电能} \times 100\% \tag{1-1}$$

为了提高电网的运行效率和节约能源,需要通过优化系统设计、改进设备效率、减少线路阻抗、减少电能浪费等措施,降低线路损耗和变压器损耗的发生。这样不仅可以提高电能经济利用效果,还可以降低能源消耗和环境影响。

线损率可用于评估电力系统的运行效率和电能传输的质量。较低的线损率代表着电网的高效运行和电能的经济利用,而较高的线损率则意味着存在能源浪费和降低供电质量的问题。

线损率常应用于如下几个方面:

1. 评估电力系统效率:线损率可以作为评估电力系统效率的重要指标。

2. 规划和优化电力系统:线损率的计算可以为电力系统的规划和优化提供依据。

3. 能源管理和节能减排:线损率可以用于能源管理和节能减排的监测和评估。

1.1.5　常见名词解释

1. 高供低计

高供低计是针对高压供电用户，在低压侧进行电能计量的一种计量方式。

2. 专用线路

专用线路是一种特殊的电力输配电线路，其特点是线路的产权归属于特定客户。该线路的计量点设置在变电站的出口处，即产权分界点，并且其主要供电对象是该专线的产权所有者。

3. 非专用线路

非专用线路是指线路的产权归属于客户，并非仅为线路产权所有者一户供电，还为其他客户提供电量。这种线路通常以满足多个客户的用电需求为目标，并具有较高的供电容量和可扩展性。

4. 无损电量

无损电量是指用户负责承担线路损耗的特定线路销售电量，且不将电力损耗计入考量。

1.2　电网电能损耗的主要环节

电网电能损耗主要来源于输电线路、变压器以及其他辅助设备。这些损耗不仅包括电阻引起的导线损耗，还包括电晕损耗、变压器损耗以及其他设备的损耗[5]。了解这些损耗的成因、影响因素及降低损耗的措施，对于优化电网设计、提高运营效率和减少能源浪费具有重要意义。

1.2.1　导线损耗

1. 定义

在输电线路中，导线损耗是指由于导线电阻而产生的电能损耗。当电流通过导线时，由于导线本身的电阻，导线会受到电阻损耗，其中一部分电能会转化为热能，导致能量损失[6]。

2. 主要影响因素

输电线路中导线损耗的主要影响因素如下：

（1）导线电阻：导线材料的电阻导致导线本身会受到电阻损耗。导线的电阻值受其材料类型、横截面尺寸和延伸长度的影响。通常，电阻值较大的导线会产生更多的能量损耗。

（2）电流大小：导线的电能损耗量与流经其内的电流的平方呈正比例关

系。当电流增加时,导线损耗也会相应增加。因此,大电流传输会导致更高的导线损耗。

(3) 输电距离:导线损耗还与输电线路的长度有关。较长的输电线路会存在较大的导线电阻,并因此导致更高的导线损耗。

(4) 材料选择:导线材料的选择也会影响导线损耗。不同材料具有不同的电阻特性和导电能力。通常,铜导线具有较低的电阻,因此导线损耗较小,而铝导线的电阻较高,因此导线损耗较大。

(5) 频率效应:在高频率的电力传输系统中,例如直流或高频交流传输,导线的能耗会更加明显。这是由于高频信号使电流更多地集中在导线的外层,导线的能量损失上升。

3. 降损方向

导线损耗在输电线路中是不可避免的,但可以通过一些方法来降低损耗,方法包括:

(1) 选择低电阻材料如铜来制造导线,以降低电阻。

(2) 采用较大截面积的导线,以降低电阻。

(3) 降低输电电流,通过增加输电线路的数量或采用更高的输电电压来减小电流。

(4) 针对长距离输电线路,使用补偿设备来减少导线损耗。

1.2.2 变压器损耗

1. 损耗构成

在电网运行中,变压器是用来变换电压和电流的重要设备。在变压器的运行过程中,会存在一定的电能损耗,主要包括以下几种类型:

(1) 铜损耗(线圈电阻损耗):变压器的主要部分是由铜线圈构成的,而铜线圈具有一定的电阻。当通过线圈的电流流过时,会导致线圈发热并产生能量损耗。

(2) 铁损耗(铁芯损耗):变压器的铁芯是由铁芯和绕组之间的铁芯组成的。在变压器工作时,铁芯会受到交变磁场的影响,导致铁芯中的磁通不断发生变化。

(3) 局部损耗:局部损耗是指变压器中其他部分产生的一些能量损耗,如绝缘材料的导电损耗、绝缘材料的磁滞损耗、绝缘材料的介质损耗等。

变压器的电能损耗主要表现为热能的产生,其中铜损耗和铁损耗是最主要的损耗来源。这些损耗会导致变压器的温度上升,而温度的升高会影响变压器的性能和寿命。因此,在变压器的设计和运行过程中,需要考虑降低损耗的措施,以提高其效率和减少能源浪费。

2. 降损方向

为了降低变压器的电能损耗,可以采取以下措施:

(1) 选择合适的变压器设计:在设计变压器时,可以采用更优质的材料和减小线圈和铁芯的电阻,以降低铜损耗和铁损耗。

(2) 优化变压器的运行参数:通过合理调整变压器的负载率,使其运行在设计负载的合理范围内,可以减少能量损耗。

(3) 使用高效率变压器:选择具有较高变压器效率的设备,如采用更好的材料、设计和制造工艺的高效变压器。

(4) 定期维护和检查:定期对变压器进行维护和检查,确保绝缘材料处于良好状态,以减少局部损耗。

1.2.3 电晕损耗

1. 定义

电晕损耗是输电线路中的一种特殊的线路损耗。它发生在高电压输电线路上,主要由于电场强度超过绝缘气体的击穿电压而产生的能量损耗[7]。

电晕损耗原理:当输电线路的电压达到一定级别时,电场强度在导线周围形成了明显的趋势。当电压超过绝缘气体的击穿电压时,绝缘介质周围会形成一个带电区域,电子通过空气分子产生电离和重新结合的过程,形成连续的电晕放电。这种电晕放电消耗能量,导致电能损耗。

2. 影响因素

电晕损耗的影响因素如下:

(1) 电压水平:电晕损耗的大小与线路的电压水平有关。通常,高压输电线路的电晕损耗更为显著,因为电压越高,电晕放电现象越容易发生。

(2) 导线形状:导线的形状和表面几何结构也会对电晕损耗产生影响。导线的形状可决定空气流动的方式,从而影响电晕放电的起始和发展。

(3) 大气条件:湿度、温度、空气气压和污染物浓度等大气条件也会影响电晕现象的发生和电晕损耗的程度。

3. 降损措施

减少电晕损耗的主要措施如下:

(1) 提高绝缘水平:在输电线路设计中,可以采用一些绝缘措施,例如使用导线外套或增加绝缘子串,以提高线路的绝缘水平,减少电晕放电和电晕损耗的发生。

（2）优化导线形状：优化导线的形状和表面结构，可改善空气流动，减少电晕放电的情况，进而降低电晕损耗。

（3）清洁维护：定期对输电线路进行清洁和维护，以减少污秽和污染物对电晕现象的影响，降低电晕损耗。

1.2.4　其他设备损耗

在电网运行过程中，除了线路和变压器，一些其他设备也会存在能量损耗。以下是一些常见的设备损耗：

1. 开关设备的损耗：电网中的开关设备，如断路器、隔离开关和接地开关等，会在开关操作过程中发生能量损耗。

2. 发电机的损耗：在发电过程中，发电机本身也会存在一定的能量损耗。

3. 调压装置的损耗：电网中的调压装置，如变压器的切换装置、调压器和电压稳定器等，会在调节电压过程中产生损耗。

4. 电动设备的损耗：电网供电的各种电动设备，如电动机、照明设备和电子设备等，也会存在一定的能量损耗。

5. 监测和保护装置的损耗：为了确保电网的安全和稳定运行，通常会安装监测和保护装置，如电流互感器、电压互感器和保护继电器等。

除了上述设备的损耗，电网运行还可能受到一些外部因素的影响，如电网中的电磁干扰、电气噪声和传输损耗等。

1.3　线损的影响因素

1.3.1　技术线损影响因素

技术线损影响因素如下：

1. 电压水平：电网中的线损与电压水平有直接关系。

2. 线路长度和截面积：线路的长度和截面积也是直接影响线损的因素。

3. 导线材质和导体温度：导线材质和导体温度也会对线损产生影响。

4. 线路负载率：线路负载率是指示线路所承载的负荷与其额定负荷之比。

5. 电压调节和功率因数校正：电网中的电压调节和功率因数校正技术也可以对线损产生影响。

6. 装置和设备的运行状态：电网中的变压器、开关设备和调压装置等装置和设备的运行状态也会对线损产生影响。

1.3.2 管理线损影响因素

管理线损影响因素如下:

1. 用户窃电及违章用电。
2. 计量装置存在误差、错误接线、故障等。
3. 在商业运营和日常运行中,存在的抄表遗漏、计费失误、计算错误以及电表倍率不准确等问题。
4. 带电设备的绝缘性能下降导致的电流泄露等问题。
5. 供、售电量抄表时间不一致。
6. 实际统计的线路损耗与通过理论公式计算得出的线路损耗在统计方法上存在差异,同时,理论计算本身也可能存在一定的偏差。

1.3.3 综合影响因素

电网是一个由大量输电、变电、配电设备组成的复杂系统,其中的组成方式和运行方式对线损的影响远远超过单个设备的影响。以下是一些综合影响线损的方式:

1. 网络拓扑结构:电网的网络拓扑结构包括输电线路、变电站以及配电网等部分。一个合理的网络拓扑结构能确保电力在各个节点之间的传输效率,降低电力传输中的线损。
2. 运行调度策略:电网的运行调度策略涉及电压调节、功率分配、负载均衡、拓扑优化等方面。恰当的运行调度策略可以平衡电力供需,减少过载和不平衡负荷等问题,从而降低线损。
3. 自动化和智能化技术:自动化和智能化技术在电网中的应用可以提高电网的运行效率和可靠性,进而减少线损。
4. 功率因数校正:正确的功率因数校正可以避免电力系统中的无功功率流动,减少电网中有关功率因数造成的线损。通过使用合适的无功补偿装置,可以改善系统功率因数,降低线路损耗。
5. 检修和维护:定期的检修和维护对于电网的正常运行和线损的控制至关重要。定期检查、维护和更换老化设备,可以确保设备和线路的性能符合工作要求,减少线路的电阻损耗。
6. 电力质量管理:合理管理电力质量可以减少线损。电力质量管理包括减少电压波动、谐波、闪变和电力中断等问题。通过保持稳定的电压水平和减少谐波等干扰,可以减少电力传输中的线损。

综上所述，电网的组成方式和运行方式对线损具有综合影响。通过合理设计网络拓扑结构、优化运行调度策略、应用自动化和智能化技术、进行功率因数校正、进行检修和维护以及管理电力质量等措施，可以综合降低电网中的线损，提高电网的效率和可靠性。

1.4 线损管理内容

线损管理是指在电力系统中采取各种措施和策略来减少电力线路传输过程中的损耗[8]。它的主要目的是提高电网的能源利用效率和经济性。

1.4.1 国家电力工业体制改革前的管理体制

电力网络的能量损失比率，被称为线损率，是国家考核电力行业经济表现的关键指标之一[9]。它是一个包含技术与经济因素的综合指标，能够体现电力系统在规划、设计、生产技术和管理等方面的综合能力。线损率的含义在于测量电力网上输送的电能损失情况，不仅关乎电网的经济性和效率，还直接影响到能源利用的有效性和环境可持续发展。因此，减少线路损耗比率有助于提升电力系统的稳定性和能源的利用效率，并且有助于减少资源的浪费和对环境的污染[10]。

以国家电网公司为例，为推动各级电力部门加强线损管理，根据国务院颁发的《节约能源管理暂行条例》和能源部颁发的《"节约能源管理暂行条例"电力工业实施细则》，制订了《电力网电能损耗管理规定》。

该规定适用于全国各级电压的已投入运行的电力系统。根据该规定，各级电力部门要强化规划设计，改善电网结构，实现电网经济运行；不断提高生产技术水平，改进经营管理；研究改革线损管理制度，努力降低电力网电能损耗。

各网局、省局应建立、健全节能领导小组，由主管节能的局领导或总工程师负责领导线损工作，确定生技、计划、调度、基建、农电、用电等部门在线损工作方面的职责分工和综合归口部门。归口部门应配备线损管理的专职技术干部，其他部门可设置线损工作的专职或兼职技术干部。

供电局（电业局、地区电力局、供电公司）、县电力局（农电局、供电局、供电公司）应建立、健全由生技、计划、调度、用电、计量、农电等有关科室人员组成线损领导小组，由主管节能的局领导或总工程师任组长，负责领导线损工作。归口部门应配备线损专职技术干部，处理领导小组的日常工作，其他科室和基层生产单位应设置线损专职或兼职技术干部。

1.4.2 职责

1. 网局、省局的职责是：

(1) 负责贯彻国家能源局的节电方针、政策、法规、标准及有关节电指示，并监督、检查下属单位的贯彻执行情况；

(2) 制定本地区的降低线损规划，组织落实重大降损措施；

(3) 核定和考核下属单位的线损率计划指标；

(4) 总结交流线损工作经验和分析降损效果及存在的问题，提出改进措施。

2. 供电局、县电力局的职责是：

(1) 负责监督、检查全局线损工作；

(2) 负责编制并实施本局线损率计划指标、降损规划和降损措施计划；

(3) 落实并努力完成上级下达的线损率指标。

3. 各级电力部门的线损归口单位线损专职人员的职责是：

(1) 会同有关部门编制线损率计划指标；

(2) 会同有关部门编制本局的降低线损的措施计划，并监督实施；

(3) 总结交流线损工作经验，组织技术培训；

(4) 按期组织线损理论计算，定期进行线损综合分析，编制线损专业统计分析报告；

(5) 会同有关部门检查线损工作、线损率指标完成情况和线损奖惩的实施情况；

(6) 参加基建、技改等工程项目的设计审查；

(7) 与有关部门共同拟定线损奖金分配方案。

二、线损计算基础知识

2.1 线损理论计算基本概念

线损对电力供应企业的财务表现及社会资源的有效利用均产生影响。精确且合理的线损理论计算是电力行业分析损耗成因及规划降损策略的基础。通过实施线损的理论估算,可以深入了解电网各设备的实际有功和无功功率损耗情况,以及电能的损失量。这有助于系统性地发现电网中存在的问题,并实施针对性的解决方案,有效降低线损至一个合理的水平,从而对提升电力企业的技术能力和管理水平起到关键作用。

电网的线损理论计算涉及根据电网的结构和运行参数,采用特定方法计算电网元件的理论损耗电量及其在总体损耗中的比重、理论线损率和经济线损率等,并进行深入的定性与定量分析[12]。这种计算是实现降损增效、强化线损管理的关键技术手段。通过理论计算揭示电能在电网中的损失分布,分析可能的管理与技术缺陷,为降损工作提供科学的理论和技术支持。这有助于聚焦降损工作的关键点,提升节能降损的效率,并推动线损管理工作向更科学化的方向发展。

2.1.1 线损理论计算基本方法

线损理论计算基本方法一般可以分为两种:简单开式网的理论线损计算和复杂闭式网的理论线损计算[11][13]。

简单开式网的理论线损计算相对简单,可以通过人工计算,步骤如下:

1. 分析等值电路,计算相关参数。
2. 从电网的末端开始,逐步向上游累加功率,以初步确定功率的分配情况。
3. 计算各段损耗。
4. 计入损耗后求最终功率分布。
5. 计算电压损耗、电压。

而复杂闭式网的计算较为复杂,人工难以实现,所以目前基本上采用计算机程序来实现。

电网线损理论计算的基本方法是潮流计算方法和均方根电流法,目前国内基本都是采用潮流计算方法进行线损理论计算。但是由于各电压等级电网具有不同的结构特点,具体采用的计算方法不同。

2.1.2 线损计算重要指标

1. 技术线损

电网在供电和销售电能的过程中不可避免地会有一定的电能损失。这一损失是供电部门用以评估其经济绩效的关键指标之一。本质上,电能在传输过程中的损失是自然发生的,这种损失被称为技术线损。

2. 管理线损

由于对用户电表的抄录可能存在时间上的不一致,同一时间段内记录的电能读数与电网供应端输出的电能存在差异。此外,计量的不准确、运营过程中的错误以及在被发现和处理前的偷电行为,共同构成了所谓的管理线损。因此,电网的实际线损是管理线损和技术线损两者的合计。

3. 理论线损率

理论线损率是指各省份、地区电力供应单位依据其输电、变电、配电设备的参数和实际运行测量数据所计算出的线损率。代表日(月)理论线损率计算公式如下所示:

$$代表日(月)理论线损率 = \frac{代表日(月)理论线损电量}{代表日(月)供电量} \times 100\% \quad (2-1)$$

代表日(月)供电量是指在选定的日期(或月份)内,供电企业在生产活动中投入的所有电量,这代表了发电厂、供电区域或电网向用户供应的总电量,其中也包括在电力传输和分配(变换电压)过程中产生的损耗。供电量的计算包括四个主要部分:发电厂上网电量、外购电量、电网输入电量和输出电量。供电量的计算可以通过以下公式得出:

计算供电量 = 发电厂上网电量 + 外购电量 + 电网输入电量 + 电网输出电量

$$(2-2)$$

发电厂上网电量指发电厂输出的电能量,当计量点设在发电厂的输出端时,该电量即发电厂向电网提供的上网电量。在一级电力系统中,这指的是发电厂输送到一级电网的电能;而在区域电网中,这表示发电厂输送到区域电网的电能量。

外购电量指购买的电量来源于本供电区域之外的其他电网。

电网输入电量指上级电网及邻网的输入电量。

电网输出电量指本电网向外部电网输出的电量。

代表日(月)售电量指在代表日(月)内所有电力用户的抄见电量。供电企业向电力消费者(包括批发消费者)出售的电能总量、供电企业向拥有自备发电厂的企业所提供的电能,以及供电企业自身非电力生产、基础设施建设和非生产性部门消耗的电能,共同构成了售电总量。这个总量涵盖了当地发电厂供应的电能、从外部购入或接受后再转售给用户的电能。然而,它不计入供电企业之间相互传输的电能,以避免计算上的重复,这部分电能应由接收方企业在其售电统计中进行核算。

4. 综合线损率

由售电量与计算供电量可得到以下综合线损率计算公式:

$$\begin{aligned}\text{综合线损率}&=\frac{\text{线损电量}}{\text{计算供电量}}\times100\%\\&=\frac{\text{计算供电量}-\text{售电量}}{\text{计算供电量}}\times100\%\\&=\left(1-\frac{\text{售电量}}{\text{计算供电量}}\right)\times100\%\end{aligned} \quad (2-3)$$

由售电量与供电量计算所得的综合线损率为统计线损率。

2.1.3 线损理论计算作用

线损理论计算为电力网络的线损分析及降损节能措施提供了科学的参考,有助于推动线损管理工作向更深层次和更科学的方向发展。因此,线损理论计算是节能管理中不可或缺的一环[14]。线损理论计算的主要目标包括:

1. 评估电网架构和运行模式的经济效益。线损理论计算可支撑评估电网架构和运行模式是否经济合理。

2. 识别电网中损耗较高的部分及其原因。通过线损理论计算识别出损耗较大的元件,并分析高损耗的原因,有助于针对性地制定降损措施,提高降损效率。

3. 对比实际线损。通过比较实际线损与理论线损,评估实际线损的准确性和合理性。差值分析有助于确定不明损耗的程度,从而评估管理水平,并确定经济运行方式。

4. 基于线损理论计算导线及变压器各自损耗所占比例，识别电网中的薄弱环节，并针对这些环节采取关键的降损措施。

5. 为电网的扩展、优化和规划提供科学的依据。

6. 为确立合理的线路损耗评估标准提供科学的依据。

7. 线损理论计算资料对于电力公司的技术管理以及基础性工作至关重要。

8. 通过这些目标，线损理论计算不仅能够提高电网的运行效率，还能为电力企业的长期发展和能源管理提供坚实的数据支持。

2.1.4 线损理论计算范围

线损理论计算过程涉及对主干电网和配电网络在标准工作状态下的实际负载进行考量，进而计算出这些网络中各个组件在特定时间内的有功功率损失及电能消耗[15][16]。这一理论线损电量是将以下各类损耗电量汇总得出的总和：

1. 电压等级在 1.35 kV 及以上的电力网络（涵盖交流输电线路和变压器）的能量损失。

2. 电压等级在 6 kV 至 20 kV 的配电网络（包括交流输电线路和公共配电变压器）的能量损失。

3. 0.4 kV 及以下低压电网的电能损耗。

4. 并联电容器、并联电抗器、同步调相机、电压互感器等设备的电能损耗，以及变电站自用变压器消耗的电能。

5. 在高压直流输电体系中，包括直流线路、接地极系统和换流站在内的部分，都会发生电能的损失。

2.1.5 代表日（月）选取原则及负荷

1. 代表日（月）的选取原则

（1）电网的运作模式和电力流动的分配处于标准状态。这反映了计算期间的典型状况，且用电需求处于年度峰值负荷的 85% 到 95% 之间。

（2）选定日期（或月份）的供电量与计算期间的平均每日（或每月）供电量相近。

（3）绝大部分用户的用电情况正常。

（4）当计算期间存在多种连接方式时，应考虑所有相关的配置形态。

（5）气候条件处于正常状态，温度接近于计算期间的一般温度水平。

(6) 在进行全年损耗的计算时,应基于选定的月份中有代表性的日期,对于 35 kV 及以上的电网,至少应选择 4 天作为样本,以确保能够反映全年不同季节的用电负荷情况。

2. 代表日(月)负荷

代表日期(或月份)负荷数据记录必须全面,以确保满足计算需求。这通常包括发电厂、变电站、输电线路等在全天 24 小时内每个小时的发电量(并入电网)、供电量、输出量、输入量的数据,包括有功功率和无功功率的数值,电压等级,以及全天累积的电能总量记录。

代表日(月)负荷记录的用途是,根据负荷的变化情况,可以计算出日(月)负荷率,并为调整负荷方案、合理安排运行方式、编制系统停电检修计划和预计地区负荷提供依据。同时,它也为发展和改造电网、进行可行性研究提供比较确切的技术数据(如电压、功率等负荷潮流分布情况),还可为分析无功补偿装置的合理性、进行线损理论计算提供较为准确的资料。

2.1.6 线损理论计算要求

目前,线损理论计算方法很多,不同的方法适合不同的场合或电网。因此,采用的线损理论计算方法应满足如下要求:

1. 采用的方法不应过于复杂,应较为简单,计算过程应简洁清晰。

2. 用于线损理论计算的设备运行数据应易于在电网常规的计量设备配置中收集,同时设备的参数值也应易于选取和获取。

3. 所采用的方法的计算结果应达到足够的精度,以满足实际工作的需要。

2.2 高压电网电能损耗计算

2.2.1 基本原则

35 kV 及以上的电力网络通常为多源供电的复杂系统,其电能损耗的计算通常通过电子计算机来完成,有条件的情况下还可以实现实时在线计算。在电力网络的电能损耗计算中,一般采用潮流计算方法[17]。

在数学上用解矩阵的原理,在解题方法上用牛顿-拉夫逊迭代法。为降低程序的复杂性,使计算过程简易可行,通常,各个节点的有功功率、无功功率以及负载会被单独列出,并分别构成导纳矩阵的方程,进行 P-Q 分解法计算。

2.2.2 潮流算法

1. 内容

电力系统潮流分析是用于探究电力系统在稳定状态下运作情况的一种分析方法。它依据既定的运作条件、系统的网络结构和组件特性,来确定电力系统中各部分的运行情况,包括各个母线节点的电压水平、流经各个组件的功率以及系统的总功率损耗等。无论是在电力系统的规划与设计阶段,还是在对现有电力系统运行策略的研究中,潮流计算都是一种重要的工具。它能够提供定量分析,帮助评估不同供电方案或运行策略的合理性、安全性和成本效益[18]。

2. 数学模型

电力网络的数学模型采用如下的节点电压方程:

$$I = YV \tag{2-4}$$

其展开式为:

$$\dot{I}_i = \sum_{j=1}^{n} Y_{ij} \dot{V}_j \tag{2-5}$$

式中,Y、Y_{ij} 分别为节点导纳矩阵及其相对应的元素;I、$\dot{I}_i$ 分别为节点注入电流列向量及其相对应的元素;V、$\dot{V}_j$ 分别为节点电压列向量及其相对应的元素;n 为电力系统节点数。

在现实的电力网络中,通常所知的节点注入量并非电流值,而是功率值,则节点电流可用节点功率表示为:

$$\dot{I} = \frac{P_i - jQ_i}{\dot{V}_i^*} \tag{2-6}$$

将式(2-6)代入式(2-5)得到:

$$\frac{P_i - jQ_i}{\dot{V}_i^*} = \sum_{j=1}^{n} Y_{ij} \dot{V}_j \tag{2-7}$$

这是电力潮流分析中最基本的方程,涉及以节点电压 V 作为变量的一系列非线性代数方程。将这个复数方程实虚部分开,得到两个实数方程。根据节点电压采用的坐标形式不同,实虚部分开后得到的潮流方程有两种形式,即直角坐标形式和极坐标形式。

(1) 直角坐标形式的潮流方程

若各节点的电压相量表示为直角坐标的形式：

$$\dot{V}_i = e_i + jf_i \tag{2-8}$$

则式(2-7)经实虚部分开得到：

$$\begin{cases} P_i = e_i \sum\limits_{j\epsilon i}(G_{ij}e_j - B_{ij}f_j) + f_i \sum\limits_{j\epsilon i}(G_{ij}f_j + B_{ij}e_j) = P_i(e,f) \\ Q_i = f_i \sum\limits_{j\epsilon i}(G_{ij}e_j - B_{ij}f_j) - e_i \sum\limits_{j\epsilon i}(G_{ij}f_j + B_{ij}e_j) = Q_i(e,f) \end{cases} \tag{2-9}$$

$(i=1,2,\cdots,n)$

$j\epsilon i$ 表示与节点 i 关联的节点 j。

对于 PQ 节点,已知节点功率 P_{is}、Q_{is},则对应的方程为：

$$\begin{cases} \Delta P_i = P_{is} - P_i(e,f) = 0 \\ \Delta Q_i = Q_{is} - Q_i(e,f) = 0 \end{cases} \tag{2-10}$$

对于 PV 节点,已知节点功率 P_{is}、V_{is},则对应的方程为：

$$\begin{cases} \Delta P_i = P_{is} - P_i(e,f) = 0 \\ \Delta V_i^2 = V_{is}^2 - (e_i^2 + f_i^2) = 0 \end{cases} \tag{2-11}$$

对于 n 节点的系统,共有 $2(n-1)$ 个方程。

(2) 极坐标形式的潮流方程

若各节点的电压相量表示为极坐标形式：

$$\dot{V}_i = V_i e^{j\theta_i} = V_i\cos\theta_i + jV_i\sin\theta_i \tag{2-12}$$

则式(2-7)经实虚部分开后得到：

$$\begin{cases} P_i = V_i \sum\limits_{j\epsilon i} V_j(G_{ij}\cos\theta_{ij} + B_{ij}\sin\theta_{ij}) = P_i(\theta,V) \\ Q_i = V_i \sum\limits_{j\epsilon i} V_j(G_{ij}\sin\theta_{ij} - B_{ij}\cos\theta_{ij}) = Q_i(\theta,V) \end{cases} \tag{2-13}$$

$(i=1,2,\cdots,n)$

对于 PQ 节点,已知节点功率 P_{is}、Q_{is},则对应的方程为：

$$\begin{cases} \Delta P_i = P_{is} - P_i(\theta,V) = 0 \\ \Delta Q_i = Q_{is} - Q_i(\theta,V) = 0 \end{cases} \tag{2-14}$$

对于 PV 节点,已知节点功率 P_{is}、V_{is},则对应的方程为:

$$\Delta P_i = P_{is} - P_i(\theta, V) = 0 \qquad (2\text{-}15)$$

潮流计算问题就是求解式(2-10)至(2-11)(直角坐标形式)或式(2-14)至(2-15)(极坐标形式)的非线性方程组的问题。有许多求解方法,在这里重点介绍牛顿—拉夫逊法。

3. 原理

牛顿-拉夫逊法,也被称作牛顿法,是一种在解决非线性方程组问题时极为强大的技术。这种方法的出发点是在解的近似邻域内选取一个初始猜测坐标,然后利用该坐标的一阶导数信息——雅可比矩阵,来确定搜索方向。这个方向旨在减少方程的残差,即误差。在新的坐标重新评估残差和雅可比矩阵,并以此继续迭代过程[19]。这个过程会不断重复,直至残差降至预设的收敛标准,此时便认为找到了非线性方程组的解。

牛顿法之所以效率很高,是因为它利用了函数的局部线性化特性。随着迭代过程的进行,当接近真实解时,导数提供的信息变得更加准确,从而加快了收敛速度。牛顿法的这一特性赋予了它二阶收敛的速率。然而,值得注意的是,牛顿法的成功迭代依赖于初始猜测坐标位于所谓的"收敛邻域"内,即雅可比矩阵的搜索方向能够指向解的区域;如果偏离了这个区域,迭代可能会收敛到非线性函数的其他局部极值点。

在电力系统的牛顿-拉夫逊潮流计算中,关键在于构建和解决修正方程。软件工具会根据电力网络的节点注入功率、节点电压幅度和相对相位角的约束条件,自动形成一组修正方程。随后,采用牛顿法的迭代机制,通过逐步调整和优化,求解这些方程。这种方法不仅能够确保电力系统潮流计算的准确性,还能提高计算效率。计算流程如图 2-1 所示。

2.2.3 高压直流系统线损理论计算

通常情况下,线路高压直流输电损耗低且输电能力强,但高压直流输电(HVDC)系统也会产生一定的线路损耗。通常情况下,其能量损失涵盖了直流电传输路径的损耗、接地极体系下的线路耗散,换流站内部的能量转换和分配过程中会产生损耗[3][20]。换流站主要由以下关键组件构成:换流变压器、换流阀设备、交流滤波器、稳定电压波形的电抗器、直流滤波器、并联电抗器、并联电容器,以及站内专用变压器等,如图 2-2 所示。

高压直流输电(HVDC)系统线损理论计算涉及电力传输的各个方面,包括

二、线损计算基础知识

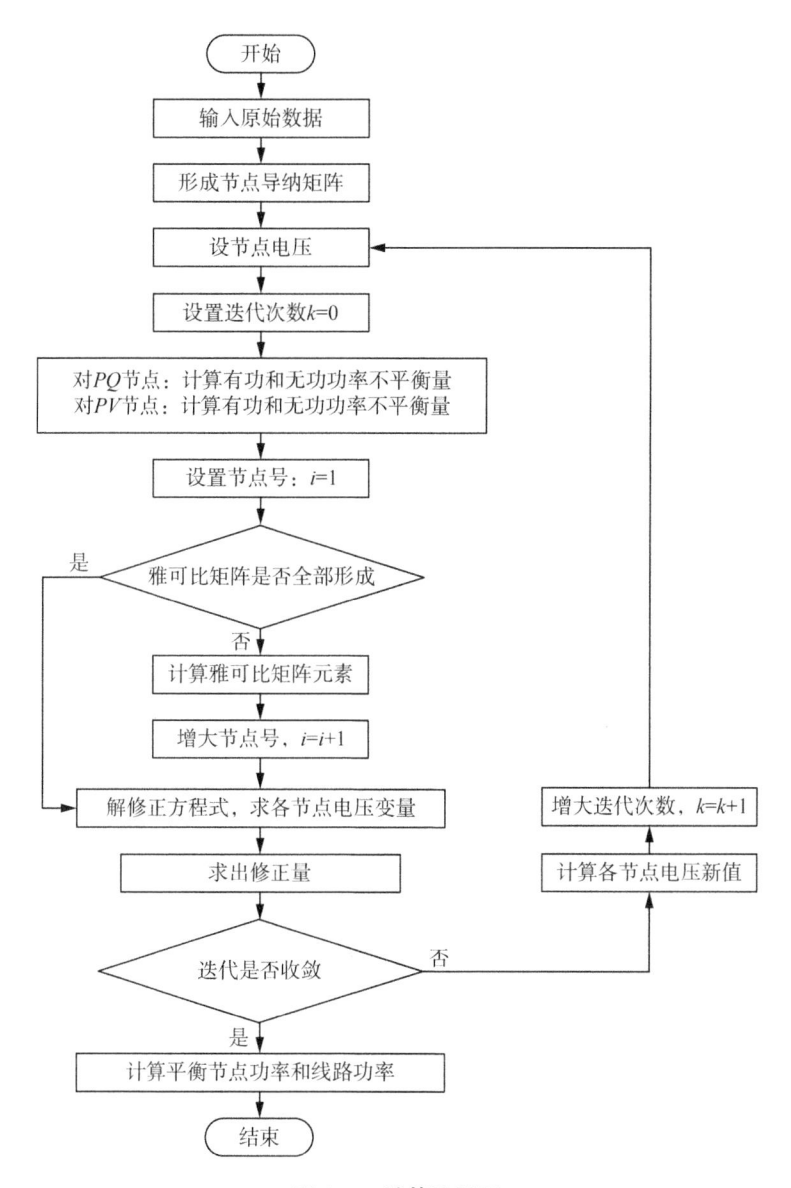

```
                    开始
                      │
                      ▼
                输入原始数据
                      │
                      ▼
              形成节点导纳矩阵
                      │
                      ▼
         ┌──►  设节点电压
         │            │
         │            ▼
         │   设置迭代次数 k=0
         │            │
         │            ▼
         │   对PQ节点：计算有功和无功功率不平衡量
         │   对PV节点：计算有功和无功功率不平衡量
         │            │
         │            ▼
         │      设置节点号：i=1
         │            │
         │            ▼
         │  ┌──► 雅可比矩阵是否全部形成 ──是──┐
         │  │            │否                  │
         │  │            ▼                    │
         │  │   计算雅可比矩阵元素             │
         │  │            │                    │
         │  │            ▼                    │
         │  │   增大节点号，i=i+1              │
         │  └────────────┘                    │
         │                                    │
         │       解修正方程式，求各节点电压变量 ◄┘
         │            │
         │            ▼
         │       求出修正量
         │            │                  增大迭代次数，k=k+1
         │            ▼                         ▲
         │      迭代是否收敛 ──否──► 计算各节点电压新值
         │            │是                       │
         └────────────┼─────────────────────────┘
                      ▼
              计算平衡节点功率和线路功率
                      │
                      ▼
                    结束
```

图 2-1 计算流程图

电流、电流损耗、电压降、功率损耗等。直流输电线路损耗占比较大，是 HVDC 系统损耗的主要部分，其随输电线路的长度增加及线路导线截面面积的减小而增加。通常，远距离直流输电线路的功率损耗大约占到其额定输送容量的 5% 到 7%。由于两端换流站的损耗机理存在差异，并且涉及的设备类型多样，因此要准确计算换流站的损耗功率相当具有挑战性。换流站的损耗功率一般占

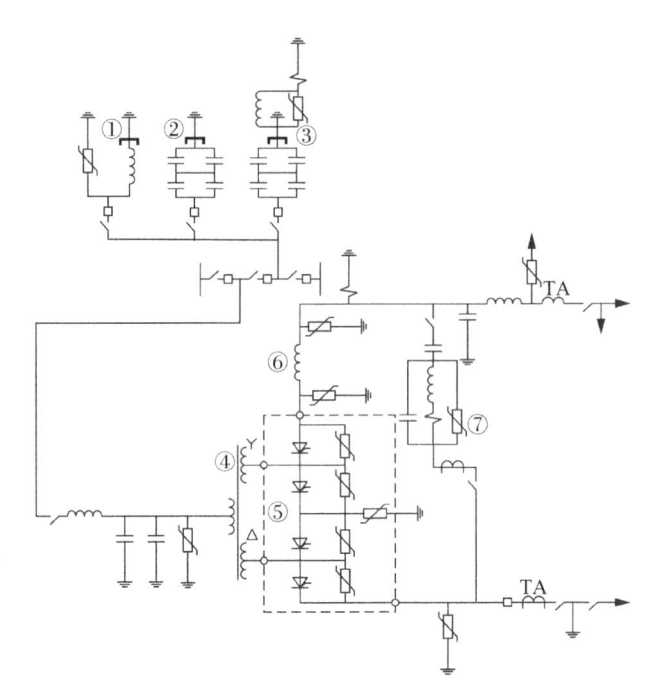

图 2-2 换流站组成示意图

其额定功率的 0.5%到 1%。此外,HVDC 系统的运行模式对地极系统的损耗也有影响:在双极运行模式下损耗较低,而在单极接地回路运行模式下损耗则相对较高。

1. 直流输电线路损耗计算

直流输电系统在传输功率中会产生一定的电能损耗。直流输电线路的电能损耗计算,采用交直流混合系统的潮流分析方法。两端直流输电系统如图 2-3 所示。

通过潮流计算,交流和直流输电系统能够在指定的计算时段内,每小时获取各个电气参数,包括换流站交流母线电压 U_{t1}、U_{t2},流入换流站的电流 I_{P1}、I_{P2},流入换流变压器的功率 $P_{t1(dc)}+jQ_{t1(dc)}$、$P_{t2(dc)}+jQ_{t2(dc)}$,直流输电线路两端电压 U_{d1}、U_{d2},直流输送功率 P_d 以及电流 I_d。

综上,直流线路的电能损耗为:

$$\Delta A_L = \sum_{t=1}^{T} I_{d(t)}^2 R \qquad (2-16)$$

式中,$I_{d(t)}$ 为每个小时流过直流线路的电流,单位为 kA;R 为直流线路的电

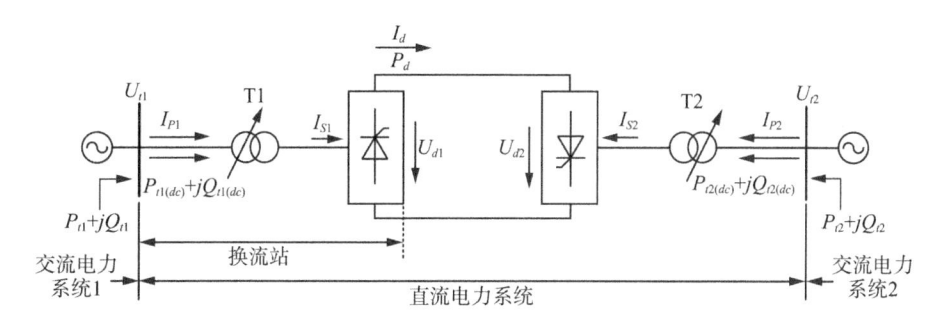

图 2-3 两端直流输电系统

阻,单位为 Ω;T 为线路运行时间,单位为 h。

需要注意的是,在 HVDC 系统中,由于电压较高,电流较小,电阻损耗相对较小,主要的功率损耗来自电抗损耗。此外,HVDC 系统的线损计算还需要考虑其他因素,例如输电线路的长度、绝缘水平、线路温度等。这些因素都会对线损产生影响,因此在实际计算中需要综合考虑这些因素。

2. 接地极系统的线路损耗计算

对于 HVDC 系统中的接地极系统,其存在的接地极电阻会产生一定的电能损耗。接地极系统是为了形成回路而连接到地面的,给系统的接地电流提供了一条通道,其中包括接地极线路电阻和接地电阻。这些电阻会导致一定的能量损耗。然而,在实际工程中,为了简化计算和方便实施,接地电阻的精确值通常不被考虑。而是选择接地电阻的实测值,或者在 0.05~0.50 范围内选择一个合适的值进行进一步计算。接地极系统的损耗在一定程度上会受到谐波电流的影响。由于接地极系统中的电流较小,谐波损耗相比于总损耗来说非常小,所以一般可以忽略谐波损耗。因此,当评估地极系统的损耗时,可以采用与直流传输线路损耗相似的计算方式。总结起来,接地极系统的损耗可以通过选择合适的接地电阻值减少。同样,对于地极系统的损耗估算,可以采取与直流电力传输线路损耗计算相似的策略。谐波损耗可以忽略不计。这样可以在一定程度上简化计算并方便工程实施。其计算方法为:

$$\Delta A_D = \sum_{t=1}^{T} I_{g(t)}^2 (R_d + R_D) \qquad (2-17)$$

式中,$I_{g(t)}$ 为每小时流过接地极系统的电流,单位为 kA;R_d 为接地极线路的电阻,单位为 Ω;R_D 为接地电阻,单位为 Ω;T 为接地极线路运行时间,单位为 h。需要注意的是,温升以及环境温度会影响 R_d 大小。当 HVDC 系统以双极的方式运行时,$I_{g(t)}$等于流过直流线路的电流的1‰~3‰;当HVDC系统以单极大地回线方式运行时,$I_{g(t)}$等于流过直流线路的电流$I_{d(t)}$。

3. 换流站损耗计算

根据经验值估算方法,通常可以依据厂家提供的资料统计来估算换流站的功率损耗。换流站的功率损失一般介于其额定功率的0.5%到1%之间。这个值可以根据实际运行经验进行调整。将这个功率损耗值与运行时间相乘,可以计算换流站的电能损耗。

另外,IEC 61803标准提供了计算HVDC系统换流站中各元件功率损耗的详细数学模型。这个标准主要适用于三相6脉波换流站,这包括了换流变压器、晶闸管阀门、交流滤波器、并联电容、并联电抗器、平波电抗器等组件。以一个配备6个换流阀的换流站为例,本标准采用了IEC 61803标准中的模型,并根据实际条件进行了必要的调整,从而得出了能量损耗的计算方法。

在换流站中,通常,换流变压器和换流阀的损耗构成了损耗的主要部分,大约占总损耗的80%。IEC 61803标准详细说明了直流换流站内各个组件的损耗分布,可以参考标准中的表格来获取具体数值。

需要注意的是,计算换流站的电能损耗涉及谐波的影响,这使得这个计算过程相对复杂。因此,根据具体情况可以采用经验值估算的方法或者根据IEC 61803标准进行精确计算。选择哪种方法取决于可用的信息和所需的精度水平。典型直流换流站元件功率损耗的分布情况如表2-1所示。

表2-1 典型直流换流站元件功率损耗的分布情况

元件		所占比例(%)
换流变压器	空载损耗	12~14
	负载损耗	27~39
换流阀		32~35
平波电抗器		4~6
交流滤波器		7~11
其他元件		4~9

在进行实际的损耗计算时,可以假定在计算周期内,每个小时流经各个组件的电流是恒定的,并使用整点的电流值来估算谐波电流及其造成的损耗。然后,将每个小时的谐波损耗进行累加,以得出该组件在计算周期内的整体能量损失。

具体的计算步骤如下:

(1) 确定计算时段内的时间范围,例如一天或一个月。

(2) 对于每个计算时段内的每个小时,计算各元件的谐波电流。这可以通过将正点电流值与谐波电流的百分比相乘来获得。

(3) 使用得到的谐波电流计算各元件的谐波损耗。具体的计算方法可以根据相关的模型或标准进行,如 IEC 61803 中提供的方法。

(4) 通过逐小时累计谐波损耗,可以计算出在指定时段内,每个组件所遭受的总能量损失。

需要注意的是,在实际计算中可能存在其他因素需要考虑,如温升效应、电压变化等。因此,在进行精确的电能损耗计算时,可能需要更加详细的模型以及更多的数据。

这样的方法在实际工程中常用,但仍需根据具体情况和要求进行适当的修正和调整。

(5) 换流变压器的能耗计算遵循与常规电力变压器在标准频率下能耗相同的计算方法。

它们都可以通过测量输入和输出侧的电压和电流来计算损耗,使用欧姆定律和功率因数等基本电力理论。然而,与普通电力变压器不同的是,换流变压器在换流过程中会产生高次谐波。这些谐波会对换流变压器的绕组产生影响,并导致绕组损耗的增加,其计算方法如下:

① 空载损耗。空载损耗 ΔA_0 的计算与普通电力变压器的相同。

② 负载损耗。考虑谐波损耗影响,其计算公式如式(2-18)。

$$\Delta A_T = \sum_{t=1}^{T} \sum_{n=1}^{49} I_{tn}^2 R_n \tag{2-18}$$

式中,T 为换流变压器运行时间,单位为 h;n 为谐波次数,$n=6k\pm1$,$k=1,2,3\cdots$;I_{tn} 为各正点电流第 n 次谐波电流有效值,单位为 kA;R_n 为第 n 次谐波有效电阻,单位为 Ω。R_n 可通过实测方法得到或根据式(2-19)得到。

$$R_n = k_n R_1 \tag{2-19}$$

式中,k_n 为电阻系数,其值见表 2-2;R_1 为工频下换流变压器的有效电阻,单位为 Ω,可依式(2-20)求得。

$$R_1 = \frac{P_L}{I^2} \tag{2-20}$$

式中,P_L 为在电流 I (kA)下测量的单相负荷损耗,单位为 MW。

表 2-2 各次谐波 k_n 值表

谐波次数	电阻系数(k)	谐波次数	电阻系数(k)
1	1.00	25	52.90
3	2.29	29	69.00
5	4.24	31	77.10
7	5.65	35	92.40
11	13.00	37	101.00
13	16.50	41	121.00
17	26.60	43	133.00
19	33.80	47	159.00
23	46.40	49	174.00

因此,换流变压器的总损耗为:

$$\Delta A = \Delta A_0 + \Delta A_T \tag{2-21}$$

(6) 换流阀损耗计算。换流阀在运行过程中的能量损耗主要可以归因于两个方面:首先是在换流阀导通时产生的损耗,这通常占据损耗中的一大部分;其次是由于阻尼回路工作时所产生的损耗,这也是能量损失的一个重要组成部分。这两部分损耗合起来构成了换流阀绝大多数的能量消耗。

① 阀门导通时的损耗功率等于阀门导通时的电流与理想状态下的通态电压的乘积,即:

$$P_{T1} = \frac{N_i I_d}{3}\left[U_0 + R_0 I_d \left(\frac{2\pi - \mu}{2\pi}\right)\right] \tag{2-22}$$

式中,N_i 为每个阀晶闸管的数目;I_d 为通过换流桥直流电流有效值,kA;U_0 为晶闸管的门槛电压,kV;R_0 为晶闸管通态电阻的平均值,单位为 Ω;μ 为换流器的换相角,rad。

② 抑制损耗功率(电容充放电损耗)。抑制损耗是由于阀门电容器存储的能量在阀门阻断电压变化时释放,其计算公式为:

$$P_{T2} = \frac{U_{v0}^2 f C_{HF}(7 + 6m^2)}{4}\left[\sin^2\alpha + \sin^2(\alpha + \mu)\right] \tag{2-23}$$

式中,C_{HF} 为阀阻尼电容有效值加上阀两端间的全部有效杂散电容,F;f 为交流系统频率,Hz;U_{v0} 为变压器阀侧空载线电压有效值,kV;m 为电磁耦合系数;α 为换流阀的触发角,rad;μ 为换流阀的换相角,rad。

因此,换流阀在运行时间 T 内的电能损耗为:

$$\Delta A = \sum_{t=1}^{T}(P_{T1} + P_{T2}) \tag{2-24}$$

(7)在电力系统中,交流滤波器起到减少谐波影响、提高电能质量的作用。它主要由滤波电容、滤波感抗和滤波电阻等元件构成。这些元件在运行中各自会产生一定的能量损耗,而交流滤波器整体的损耗则是这些元件损耗的累积结果。

① 滤波电容器损耗。鉴于电容器自身的功率因数不是太高,谐波电流所导致的损耗一般不会特别显著,可以被认为是可以忽略的。在实际的工程计算中,为了简化处理,往往直接使用工频下的损耗值来估算滤波电容器的损耗情况。这种方法虽然在精度上可能略有欠缺,但足以满足工程计算的需要,并且能够显著降低计算的复杂度。

$$\Delta A_C = P_{F1} \cdot S \cdot T \tag{2-25}$$

式中,T 为交流滤波器的运行时间,h;P_{F1} 为电容器的平均损耗功率,MW/Mvar;S 为工频下电容器的三相额定容量,Mvar。

② 滤波器电抗器的损耗。通常,计算滤波器电抗器的损耗时,需要同时考虑基频电流损耗和由谐波引起的电流损耗,可以使用以下公式进行计算。

$$\Delta A_R = \sum_{t=1}^{T}\sum_{n=1}^{49}\frac{(I_{Ln})^2 X_{Ln}}{Q_n} \tag{2-26}$$

式中,T 为交流滤波器的运行时间,h;n 为谐波次数,$n=64\pm1$,$k=1,2,3\cdots$;I_{Ln} 为流经电抗器各正点电流第 n 次谐波的电流有效值,kA;X_{Ln} 为电抗器的 n 次谐波电抗,$X_{Ln}=nX_{L1}$,Ω;Q_n 为电抗器在第 n 次谐波下的平均品质因数。

③ 在计算滤波器电阻器的损耗时,需要综合考虑基频电流和谐波电流的影响,其损耗的计算遵循特定的公式。

$$\Delta A_r = I_R^2 RT \tag{2-27}$$

式中,T 为交流滤波器的运行时间,h;R 为滤波电阻值,Ω;I_R 为通过滤波电阻电流的有效值,kA。

因此,交流滤波器的电能损耗为:

$$\Delta A_r = I_R^2 RT \tag{2-28}$$

(8)平波电抗器损耗计算。平波电抗器的能量损失由直流引起的损失、谐波引起的损失以及在一些特定情况下的磁滞损失组成。在实际计算和工程应用中,可以忽略磁滞损耗,并重点考虑直流损耗和谐波损耗的影响。平波电抗器损耗的计算公式为:

$$\Delta A = \sum_{t=1}^{T} \sum_{n=0}^{49} I_{tn}^2 R_n \tag{2-29}$$

式中,T 为平波电抗器的运行时间,h;n 为谐波次数,$n=6k$,$k=1,2,3\cdots$;I_{tn} 为各正点电流第 n 次谐波电流有效值,kA;R_n 为 n 次谐波电阻,Ω。

(9) 直流滤波器的能量损耗计算方法与交流滤波器类似,涉及三个主要元件:滤波电容、滤波电感和滤波电阻。除了滤波电容引起的损耗外,滤波电感和滤波电阻的损耗计算与交流滤波器的计算方式相似。

直流滤波电容的能耗主要来自直流均衡电阻的消耗以及由谐波引起的损失,但通常在计算中不将谐波损失考虑在内。仅对电阻损耗进行计算,计算公式如下:

$$\Delta A_{dc} = \frac{(E_R)^2}{R_C} T \tag{2-30}$$

式中,T 为直流滤波器的运行时间,h;E_R 为电容器组的额定电压,kV;R_C 为电容器组的总电阻,Ω。

滤波电抗和滤波电阻损耗计算方法见 2.2.3 中"3.换流站损耗计算",故直流滤波器的电能损耗为:

$$\Delta A = (\Delta A_{dc} + \Delta A_R + \Delta A_r) \tag{2-31}$$

(10) 并联电容器损耗的计算。鉴于电容器的功率因数较低,由谐波引起的损耗对整体损耗的影响较小,通常可以忽略不计,因此计算其损耗时仅考虑工频下的损耗。

$$\Delta A_{pc} = P_{pc} \cdot S \cdot T \tag{2-32}$$

式中,T 为并联电容器的运行时间,h;P_{pc} 为并联电容器的损耗,MW/Mvar;S 为并联电容器额定容量,Mvar。

(11) 并联电抗器的损耗计算,依据的是设备出厂时的试验数据,并在标准环境条件下进行,主要用于吸收交流滤波器产生的过剩容性无功。

(12) 站用变压器消耗电能的计算方法有两种:如果有电能表可直接读取电量;如果没有电能表,则可以按计算时段与站用变压器容量的 50% 的乘积来计算消耗的电能。

2.2.4 主网理论线损计算

主要电网的理论线损计算通常采用牛顿-拉弗森方法,这种方法适用于35千伏及以上电压等级的电网潮流分析。通过预测发电站和负载的功率,可以确定电流和电压的分布,进而计算出35千伏及以上电网中每个元件的有功损耗,以及35千伏及以上电力网的有功损耗[21]。潮流算法的精度较高,是输电网理论线损计算中最常用的方法。

35千伏线路的线损计算主要分为三个部分:首先是导线电阻引起的损耗,其次是变压器的空载损耗,最后是变压器的负载损耗。这些损耗的计算分别独立进行。

1. 线路导线中的电阻损耗

$$\Delta A_L = (A_{p \cdot g}^2 + A_{Q \cdot g}^2) \frac{K^2 R_{d \cdot d}}{U_{av} t_1} \times 10^{-3} \tag{2-33}$$

式中符号含义和取值方法与10 kV线路相同,此处省略。

2. 变压器的空载损耗

$$\Delta A_0 = \Delta P_0 t_b \times 10^{-3} \tag{2-34}$$

$$\Delta A_f = \Delta P_0 (t_0 + t_f) \times 10^{-3} \tag{2-35}$$

$$t_0 + t_f = t_b \leqslant t_1 \tag{2-36}$$

式中,t_0、t_f、t_b 为变压器空载运行时间、带负荷运行时间、总运行时间,h;t_1 为线路运行时间,h。

3. 变压器的负载损耗

$$\Delta A_f = \beta^2 \Delta P_k t_f \times 10^{-3} \tag{2-37}$$

或

$$\Delta A_f = \left(\frac{I_{jf}}{I_N}\right)^2 \Delta P_k t_f \times 10^{-3} \tag{2-38}$$

或

$$\Delta A_f = K^2 \left(\frac{I_{av}}{I_N}\right)^2 \Delta P_k t_f \times 10^{-3} \tag{2-39}$$

式中,β 为变压器负载率;I_{jf}、I_{av} 为通过变压器绕组的方均根电流、平均负荷电流,A;I_N 为变压器一次侧额定电流,$I_N = \frac{S_N}{\sqrt{3} U_N}$,A。

4. 30 kV以上线路的总损耗 ΔA_Σ 等于线路导线中的电阻损耗、变压器的空载损耗及负载损耗之和。

$$\Delta A_{\sum} = \Delta A_L + \Delta A_f + \Delta A_0 \tag{2-40}$$

目前,对于 35 kV 及以上的电力网的线损理论计算方法主要有两大类:一类是潮流算法,包括基于电量的潮流算法、基于电力的潮流算法以及基于 EMS 状态估计的潮流算法;另一类是均方根电流算法,包括基于平均电流的均方根电流法、基于实测电流的均方根电流法和基于最大电流的均方根电流法[22]。

潮流算法中,基于电量的潮流算法通常使用潮流方程,考虑电压、电流、阻抗等因素,来计算电力系统中的电量分布和损耗。潮流计算可以帮助分析电力系统的负载流动,从而评估线路的损耗情况。该方法通常适用于大规模电力系统。其次,基于电力的潮流算法关注电力方面的计算,包括有功功率和无功功率的分析。它考虑了电力系统中的有功和无功流动,并用于评估线路的损耗以及电力系统的稳定性。最后,基于 EMS(Energy Management System,能源管理系统)状态估计的潮流算法是用于电力系统监控、控制和优化的高级系统[23]。该算法通过对电力系统状态的估计来计算线损。它考虑了实时数据和系统状态的变化,以提供更精确的线损估算。

在均方根电流算法中,基于平均电流的均方根电流法基于平均电流的统计特性,通过分析电流的均方根值来估算线路的损耗。它通常用于简化计算,特别是在没有大量详细数据的情况下。而基于实测电流的均方根电流法依赖于实际测量的电流数据,通过分析这些数据的均方根值来估算线路的损耗。它可以提供更精确的结果,因为它使用了实际的测量数据。此外,基于最大电流的均方根电流法还关注电流的峰值,通过分析最大电流值的均方根来估算线路的损耗。它在考虑电力系统的最大负荷时特别有用。

在此,以均方根电流算法计算 35 kV 理论线损为例展示其计算流程。

对于 35 kV 及以上电压等级的电力网络中的线路和变压器,通常使用均方根电流法来分别计算电能的损失。35 kV 及以上电压等级的电力网络通常被分为四类主要元件:架空线(包括串联电抗器)、电缆线、双绕组变压器(包括串联电抗器)和三绕组变压器(包括串联电抗器)。至于其他交流元件,如并联电容、并联电抗、电压互感器、站用变压器和调相机等,它们属于不同的分类,这里不详细阐述它们的电能损耗计算方法。

35 kV 及以上电压等级线路损耗计算包括架空线路的电能损耗计算和装在线路两端串联电抗器的电能损耗计算,具体如下:

(1) 架空线路的电能损耗

$$\Delta E_L = 3I_{rms}^2 RT \tag{2-41}$$

式中，R 为电力网元件电阻，Ω；T 为线路运行时间，h；I_{rms} 为运行时间内的均方根电流，kA。

假定导线工作温度为 20℃。在实际的损耗计算中，需要考虑由于负载电流引起的温度升高以及环境空气温度对电阻值变化的影响，并对电阻值进行相应的修正。其修正公式为：

$$R_i = k_{ri} R_{20℃} \tag{2-42}$$

$$k_{ri} = 1 + 0.2\left(\frac{I_{rms}}{N_{ci} I_{pi}}\right)^2 + 0.004(t_a - 20) \tag{2-43}$$

式中，k_{ri} 为电阻的增阻系数；$R_{20℃}$ 为当导线工作温度为 20℃时的电阻值，Ω；I_{rms} 为线路的均方根电流值，kA；I_{pi} 为导线允许载流值，kA；N_{ci} 为每相分裂条数；t_a 为环境温度，℃。

当线路有 n 种型号导线，且各种导线长度、每相分裂条数不同，这时整条线路的总电阻为：

$$R = \sum_{i=1}^{n} \frac{R_{i(20℃)}}{N_{ci}} \cdot L_i \cdot \left[1 + 0.2\left(\frac{I_{rms}}{N_{ci} I_{pi}}\right)^2 + 0.004(t_a - 20)\right] \tag{2-44}$$

式中，L_i 为 i 种型号导线的长度，km。

(2) 装在线路两端串联电抗器的电能损耗

线路的总电能损耗为：

$$\Delta E = \Delta E_L + \Delta E_r = T \cdot I_{rms}^2 \left\{ 3\sum_{i=1}^{n} \frac{R_{i(20)}}{N_{ci}} L_i \left[1 + 0.2\left(\frac{I_{rms}}{N_{ci} I_{pi}}\right)^2 + 0.004(t_a - 20)\right] + \sum_{i=1}^{m} \left(\frac{1}{I_{ri}}\right)^2 P_{ri} \right\} \tag{2-45}$$

此外，还应该注意以下两点：

① 电缆线路的功耗计算需要考虑介质损耗；

② 高压输电线路对邻近线路产生的电磁感应效应，其影响程度可以通过平均几何距离的计算来评估。至于架空地线因感应产生的电能损失，可以通过查阅相关技术文档来估算。

线损估算方法的选择通常取决于系统规模、可用数据和所需精度。大型电力系统通常使用潮流算法，而对于小型系统或在数据有限的情况下，均方根电流算法可能更适合。无论哪种方法,都旨在帮助电力系统运营者评估线路的性能、损耗和稳定性,以支持系统的优化和改进。

2.2.5 电晕和电晕损耗理论计算

1. 电晕

导线带电压使周围空气产生电晕放电,导致电能损耗。电晕损耗取决于导线表面电场强度、导线状况和环境条件等因素。在晴朗的天气下,输电线路的损耗相对较低;而在雾、雨、雪等天气条件下,损耗则会显著增加。对于超高压线路,电晕损耗与电阻损耗的大小相近。电晕损耗约占总损耗的10%,目前尚无确切计算公式,主要使用经验公式进行估算[24]。

2. 电晕损耗

当导线带电后,其表面电场强度若超出周围空气的击穿阈值,便会产生空气电离,形成电晕放电现象,从而导致电能的损失。这种损失通常以每公里线路的平均损耗功率来评估。电晕损耗与导线表面的电场强度、表面特性(如导线直径、新旧程度、表面粗糙度、相导线数量)以及气象条件、地形等因素密切相关。在晴朗天气下损耗较小,而在雾、雨、雪等天气下损耗较大。对于超高压线路,最大的电晕损耗与线路的电阻损耗大致相当,年度平均的电晕损耗大致相当于年度电阻损耗的10%。目前,对于电晕损耗的计算,尚无一个确定的计算公式,通常依赖于经验公式来进行估算。电晕损耗还可导致导线的损坏,决定可闻噪声和无线电干扰的程度,甚至还可能引起导线舞动,它是超高压输电线路设计中必须予以控制的重要参数[7][24][25]。

对于电压等级在220 kV及以上或为110 kV且导线截面积小于150 mm^{2}的架空线路,需要进行电晕损耗的计算。

沿污秽绝缘子表面爬电的损耗也归为电晕放电的损耗。

3. 电晕损耗计算方法简介

电晕损耗的计算需要考虑众多因素,如地形地貌、气候状况、导线构造以及线路的运行状况。目前,尚不存在一个精确的计算模型。为了简化计算,可以采用一种基于实测数据曲线的估计方法。

在我国,根据普遍的气象条件,可以将天气状况大致分为四类:

(1) 冰雪天,包括雾凇、雨凇、湿雪、干雪天气。

(2) 降雨天,包括轻微的细雨和强度较大的降雨天气。

(3) 雾天,包括各种大、小雾天、下霜天和结露天。

(4) 晴朗天,除去前述的三种气象类型,其余均视为晴朗天气。

各地区可进行典型条件下的电晕损耗试验,以取得符合实际的电晕损耗曲线。

当开发软件时,可以通过计算机程序将曲线转换为数字形式并存储于计算机中。

针对特定的气象状况,架空线路每公里的电晕损耗计算流程如下:

① 计算 A 相线路每公里的电晕损耗。

首先求出空气的相对密度 δ 及导线表面的最大电场强度 E_m。

$$\delta = 51.47P/(273+t) \tag{2-46}$$

式中,P 为大气压,Pa;t 为平均气温,℃。

对于单根导线的输电线路,有:

$$E_m = 0.014\,7CU/r \tag{2-47}$$

对于分裂导线的输电线路,有:

$$E_m = \lambda \cdot 0.014\,7CU/r \tag{2-48}$$

上面两式中,U 为线路的实际运行电压,kV;C 为各相导线的工作电容,pF/m;λ 为计算分裂导线表面最大电场强度的系数。

当分裂导线成正多边形排列时,有:

$$\lambda = 1 + 2r(n-1)\sin(\pi/n)/a \tag{2-49}$$

式中,a 为分裂导线间的几何均距,cm。

若计算线路各相导线的工作电容 C_a、C_b、C_c,则先求得三相换位架空输电线路的平均电容 C_{av} 为:

$$C_{av} = 24.1/\lg(D_m/r_{eq}) \tag{2-50}$$

$$r_{eq} = (r \cdot a^{n-1})^{1/n} \tag{2-51}$$

式中,D_m 为三相导线的几何均距,cm;r_{eq} 为每根导线的等效半径,cm。

对导线水平排列的三相线路,考虑大地和架空线路的影响以后,在三相对称运行时,边相导线工作电容 $C_a \approx 1.03C_{av}$,$C_a = C_c$,中相导线工作电容 $C_b \approx 1.1C_{av}$,当三相导线成对称三角形排列时,每相导线工作电容可被认为相等,等于 C_{av},然后求出 $\delta \cdot r$ 和 E_m/δ 的值。

最后,查曲线或采用数学方法从存入计算机的数字化曲线中求得相应 A

相每公里的电晕损耗值 $\Delta P_c/n_c = \Delta P_c/n$。

② 同理可得 B 相和 C 相线路每根导线每公里的电晕损耗 $\Delta P_{cBi}/n$ 和 $\Delta P_{cCi}/n$。

③ 计算一条线路每公里的电晕损耗电能 ΔA_{ci}。

$$\Delta A_{ci} = n(\Delta P_{cAi}/n + \Delta P_{cBi}/n + \Delta P_{cCi}/n)T_i \tag{2-52}$$

所以在计算线损时段 T 内，三相导线每公里的平均电晕损耗功率 ΔP_c（kW/km）以及电晕损耗电能 ΔA_c（kW·h/km）分别为：

$$\Delta A_c = n\sum_{i=1}^{k}(\Delta P_{cAi}/n + \Delta P_{cBi}/n + \Delta P_{cCi}/n) \cdot T_i \tag{2-53}$$

$$\Delta P_c = \Delta A_c/T \tag{2-54}$$

$$T = \sum_{i=0}^{k} T_i \tag{2-55}$$

式中，k 为计算时段内不同气象条件的天数（$k \leqslant 4$）；T 为某种天气的持续小时数，可根据当地气象台站的气象记录取用，h；$\Delta P_{cAi}/n$、$\Delta P_{cBi}/n$、$\Delta P_{cCi}/n$ 为某种天气下 A、B、C 相每公里每根导线的损耗功率。

将 ΔP_c 和 ΔA_c 分别乘以线路的长度就得出了每条线路线损计算时段内的平均损耗功率和损耗电能。

在进一步的计算中，可以将导线的电晕损耗功率转换为节点功率，并引入潮流计算中。在进行统计时，再将其分门别类地列出。

2.3 配电网的电能损耗计算

2.3.1 基本原则

现代配电网一般规模较大，呈辐射状分布，采用环网分布的较少，网内包含变压器数量多，某些配电网挂接的变压器可达到一百多台，配电变压器的额定容量、负载比例、功率因数等特性参数以及它们的运行时数据各有差异。所以，配电网线损数据采集量和计算量都十分庞大[26][27]。同样采用均方根电流法，如果对每个配电网每个元件逐一进行计算则工作量过大，计算准确度低[28]。所以，采用均方根电流法的配电网与主网线损计算有一定的不同。

在配电网中，由于节点和分支线较多且大多数元件无法记录运行数据，为了计算电能损耗，需要简化方法并确保符合实际需求。一种常见的简化计算手段是通过计算机采用平均电流法和等效电阻法进行模拟。在条件具备的情况下,同样可以应用潮流分析方法进行计算,这样可以确保配电网的电能损耗计算精度。

2.3.2 采用等值电阻法算电阻

通常情况下,配电网络采用开放式网络结构(图 2-4)。本书以下面提到的简易开放式网络结构为例进行说明。

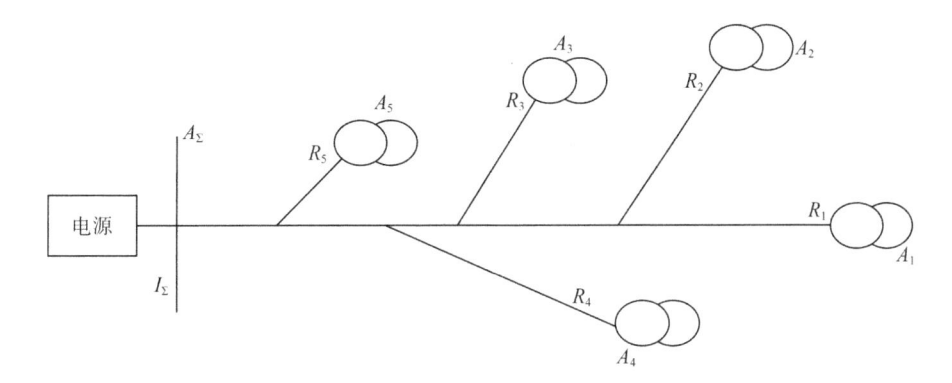

图 2-4 简易开放式网络结构示意图

当已知各支线电流为 $I_1, I_2, I_3, \cdots, I_n$ 时,得到线路理论线损如下:

$$\Delta A = 3 \times (I_1^2 R_1 + I_2^2 R_2 + I_3^2 R_3 + \cdots + I_n^2 R_n) t \times 10^{-3} \quad (2-56)$$

因为各分支线路一般不装设电流表,支线路电流数据无法得到,但假设线路各处电压、$\cos\varphi$ 相等,则得到如下关系:

$$\frac{I_1}{I_\Sigma} = \frac{A_1}{A_\Sigma}; \frac{I_2}{I_\Sigma} = \frac{A_2}{A_\Sigma}; \frac{I_3}{I_\Sigma} = \frac{A_3}{A_\Sigma} \cdots \frac{I_n}{I_\Sigma} = \frac{A_n}{A_\Sigma}$$

即 $$I_1 = \frac{A_1}{A_\Sigma} I_\Sigma; I_2 = \frac{A_2}{A_\Sigma} I_\Sigma; I_3 = \frac{A_3}{A_\Sigma} I_\Sigma \cdots I_n = \frac{A_n}{A_\Sigma} I_\Sigma \quad (2-57)$$

其中 $A_3 = A_1 + A_2; A_\Sigma = A_5 = A_3 + A_4 = A_1 + A_2 + A_4$

将以上这些关系代入式(2-56)中,则有:

$$\Delta A = 3 I_\Sigma^2 \left[\left(\frac{A_1}{A_\Sigma}\right)^2 R_1 + \left(\frac{A_2}{A_\Sigma}\right)^2 R_2 + \left(\frac{A_3}{A_\Sigma}\right)^2 R_3 + \cdots + \left(\frac{A_n}{A_\Sigma}\right)^2 R_n \right] \times t \times 10^{-3} \quad (2-58)$$

这时，可以设定一个参数 R_{dz}，使

$$R_{dz} = \left(\frac{A_1}{A_\Sigma}\right)^2 R_1 + \left(\frac{A_2}{A_\Sigma}\right)^2 R_2 + \left(\frac{A_3}{A_\Sigma}\right)^2 R_3 + \cdots + \left(\frac{A_n}{A_\Sigma}\right)^2 R_n \tag{2-59}$$

则式(2-58)可变为：

$$\Delta A = 3I_\Sigma^2 R_{dz} t \times 10^{-3} \tag{2-60}$$

R_{dz} 为线路的等值电阻，相当于电网中所有的损耗都是等值电阻。原电力网就可以简化为如图 2-5 所示形式。

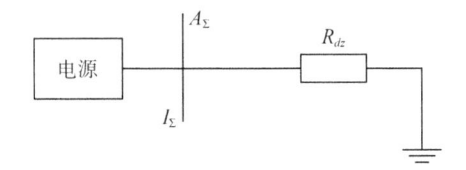

图 2-5　电力网简化图

一般情况下，各点电量 A_1、A_2、A_3、A_4 等是可以测到的，所以等值电阻 R_{dz} 也就可以算出来。

运用同样的方法也可以得出变压器绕组的等值电阻。

利用 $I_n = \frac{A_n}{A_\Sigma} I_\Sigma$，即用各变压器电量得到各支线的电流近似值，最终求得等值电阻的方法，称为电量求阻法。

另外，在实际情况下有时候是得不到电量的，这时可以用变压器容量来代替上式中的电量，即 $I_n = \frac{S_n}{S_\Sigma} I_\Sigma$，此时，等值电阻 R_{dz} 就为：

$$R_{dz} = \left(\frac{S_1}{S_\Sigma}\right)^2 R_1 + \left(\frac{S_2}{S_\Sigma}\right)^2 R_2 + \left(\frac{S_3}{S_\Sigma}\right)^2 R_3 + \cdots + \left(\frac{S_n}{S_\Sigma}\right)^2 R_n \tag{2-61}$$

这种用变压器容量得到各支线电流近似值，最终求得等值电阻的方法，被称为容量求阻法。

2.3.3　引入 K 系数算电流

若已经知道了线路的等值电阻，如开始所述的，那么线路的理论线损就为：

$$\Delta A = 3R \int i^2 \mathrm{d}t \times 10^{-3} \tag{2-62}$$

如果积分以小时为单位,则有

$$\Delta A = 3R(I_1^2 + I_2^2 + I_3^2 + \cdots + I_{24}^2) \times 10^{-3} \tag{2-63}$$

但 24 小时电流是不容易得到的,所以设定一个参数 K,令其值为:

$$K = \frac{I_{jf}}{I_{pj}} = \frac{\sqrt{\dfrac{I_1^2 + I_2^2 + \cdots + I_{24}^2}{24}}}{I_{pj}} \tag{2-64}$$

其中,I_{jf} 为 24 小时均方根电流,$I_{jf} = \sqrt{\dfrac{I_1^2 + I_2^2 + \cdots + I_{24}^2}{24}}$;$I_{pj}$ 为 24 小时平均电流,$I_{pj} = \dfrac{I_1 + I_2 + \cdots + I_{24}}{24}$。

然后再把参数 K 的值代入式(2-63)中,就得到:

$$\Delta A = 3RK^2 I_{pj}^2 \times 10^{-3} \tag{2-65}$$

而平均电流的平方可以用有功、无功、电压来表示:

$$I_{pj}^2 = \frac{A_p^2 + A_q^2}{U_{PJ}^2} \tag{2-66}$$

把式(2-66)代入式(2-65)中,得到:

$$\Delta A = 3R_{dz} \cdot K^2 \cdot \frac{A_p^2 + A_q^2}{U_{pj}^2} \times 10^{-3} \tag{2-67}$$

式(2-66)中,线路首端的有功、无功线路运行平均电压等,都是很容易得到的数值;K 系数是一个大于或等于 1 的一个经验值;R_{dz} 前面已经求出,有了这几个值,就可以较为精确地计算线路的理论线损了。

K 系数实际上反映了负荷曲线的变化特性,因此也被称为"线路负荷曲线特征系数"。当负荷恒定时,$K=1$;负荷有变化时,$K>1$,负荷变化越大,K 值越大,相应地,线路损耗也会增加。

2.3.4 均方根电流法

$$\Delta A = 3I_{jf}^2 R_d \cdot \sum t \left(\frac{A_{p \cdot g}}{A_{rj} N_t} \right)^2 \times 10^{-3} \tag{2-68}$$

其中：I_{jf} 为线路首端代表日的均方根电流，$I_{jf}=\sqrt{\dfrac{\sum\limits_{i=1}^{24}I_i^2}{24}}$（A）；$R_{d\cdot\sum}$ 为线路总等值电阻，是线路导线等值电阻与变压器绕组等值电阻之和，Ω；$A_{p\cdot g}$ 为线路某月的实际有功供电量，kW·h；A_{rj} 为代表日平均每天的有功供电量，kW·h；t 为线路实际运行时间，h；N_t 为线路某月实际投运天数，$N_t=t/24$。

均方根电流取代表日 24 小时电流计算得来，所以它适用于供用电较为均衡、负荷峰谷差较小、日负荷曲线较为平坦的电网计算。

2.3.5 平均电流法

$$\Delta A = 3I_{pj}^2 K^2 R_{d\cdot\sum} t \left(\dfrac{A_{p\cdot g}}{A_{rj}N_t}\right)^2 \times 10^{-3} \tag{2-69}$$

式中，I_{pj} 为线路首端代表日的平均电流，$I_{pj}=\dfrac{\sum\limits_{i=1}^{24}I_i}{24}$，A；$A_{p\cdot g}$ 为线路某月的实际有功供电量，kW·h；K 为线路负荷曲线特征系数，提前设定；$R_{d\cdot\sum}$ 为线路总等值电阻，是线路导线等值电阻与变压器绕组等值电阻之和，Ω。

2.3.6 电量法

$$\Delta A = \dfrac{(A_{p\cdot g}^2 + A_{q\cdot g}^2)}{(U_{p\cdot j}t)^2} K^2 R_{d\cdot\sum} t \times 10^{-3} \tag{2-70}$$

式中，$A_{p\cdot g}$ 为线路某月的实际有功供电量，kW·h；$A_{q\cdot g}$ 为线路某月的实际无功供电量，kvar·h；$U_{p\cdot j}$ 为线路平均运行电压，kV；K 为线路负荷曲线特征系数。

此技术要求先了解线路末端变压器的电能数据，以便应用"电能量测阻法"来估算等效电阻。接着，使用线路起点的电能数据和预设的 K 值来估算电流。如果线路起点的电能数据是按月度统计的，那么计算出的线路损耗也是月度的；如果是按日统计的，那么结果则是日度的。有功和无功供电量都是从电表中读取的，因为这种方法操作简便，准确度较高，所以非常适用于农村电网的理论线路损耗计算，目前已成为一种被广泛使用的新方法。

2.3.7 容量法

由于无法直接获取线路末端变压器的电量数据,所以使用"容量求阻法"来估算等效电阻,这种方法被称作容量法。其计算流程和之前讨论的"电量法"一致,所采用的公式也大致相同,因此在此不再赘述。容量法作为一种简便的估计手段,省去了搜集线路末端变压器电量数据的步骤。

重要的是,上述计算得出的是与电流变化相关的可变线路损耗,还须加上电网的固定损耗才能计算出整个电力网络的总损耗电量。固定损耗电量是固定损耗功率与电网运行时间的乘积。固定损耗功率主要由变压器的铁损和电表的电压线圈损耗组成,这里不详细描述具体的求解过程。

各种计算方法的本质相同。各种计算线损电量的方法都是基于确定等效电阻和电流,随后通过时间累积来计算损耗。根据是否已知电量,选择使用电能量测阻法或容量测阻法来确定等效电阻。最终,所有这些方法都汇总为均方根电流法,这个过程可以通过指示图来展示(图2-6),不论采用哪种方法,最终都是围绕着求解电流展开。

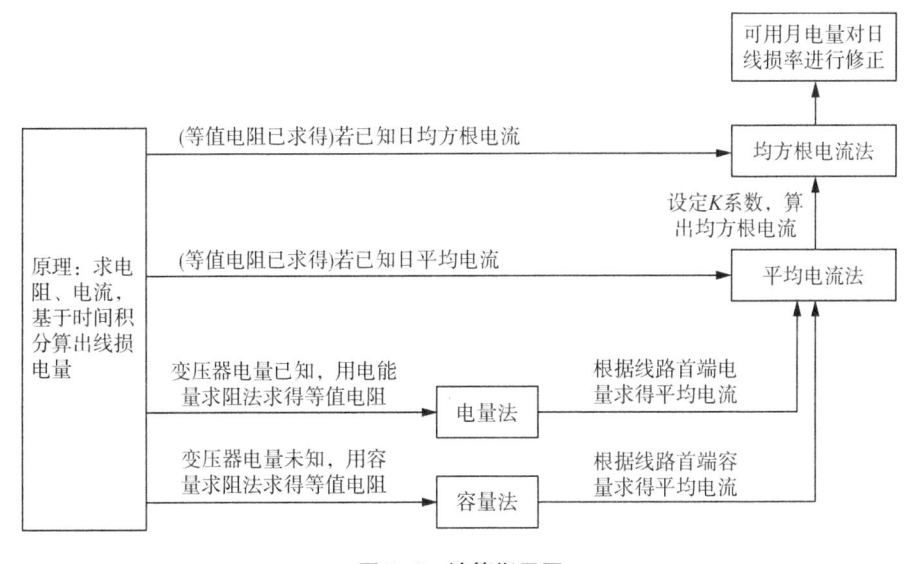

图 2-6 计算指示图

在所提到的图表中,应强调的是,在使用电量法和容量法进行计算时,如果起始端的电量是基于月度数据,那么计算出的线路损耗也是月度的;如果起始端的电能量是基于日度数据，那么得到的是日度损耗。换言之，这两种方法不需要将月度数据换算成日度结果。

2.3.8 配电网线损的其他问题

下面介绍配电网线损理论计算过程中遇到的两个典型问题：小电源接入对配电网线损的影响问题和配电网环网供电时线损理论计算问题。

1. 小电源接入对配电网线损的影响

地方小型发电源（如小型水电站和小型火力发电站）的存在给配电网络的电能损耗计算带来了挑战。由于它们的发电量并不和升压配电变压器容量成正比，在计算时段 T 内也不一定全发电，所以不能按配电变压器容量"分享"总均方根电流 I_{rms0}。一般在等值电阻法的基础上，采用"等效容量法"对其进行处理。

根据每个小电源在时段 T 内的有功电量 E_{Si} 和无功电量 Q_{Si}，可以得到它的均方根电流 I_{rmsSi}。

$$I_{avSi} = \frac{\sqrt{E_{Si}^2 + Q_{Si}^2}}{\sqrt{3}UT} \tag{2-71}$$

$$I_{rmsSi} = kI_{avSi} \tag{2-72}$$

式中，U 为配电网的额定电压，kV；I_{avSi} 为配电网该时段内的平均电流，kA；k 为形状系数，可取与配电网首端电量表装设处相同的值。

对于一个总共有 m 台配电变压器的配电网，假设有 m_1 台用户配电变压器和 m_2 台小电源升压配电变压器（$m = m_1 + m_2$），每个小电源的均方根电流可以定义为：

$$I_{rmsSi} = -\frac{S_{Si}}{\sum\limits_{j=1}^{m_1} S_j + \sum\limits_{i=1}^{m_2} S_{Si}} I_{rms0} \tag{2-73}$$

式中，m 台用户配电变压器 S_j 已知，m_2 台小电源升压配电变压器等值容量 S_{Si} 待求。

根据监测仪表可以得到 m_2 台小电源的电能读数，即得到 m_2 台小电源均方根电流 I_{rmsSi}，就有 m_2 个线性方程：

二、线损计算基础知识

$$\begin{cases} I_{rmsS1} = -\dfrac{S_{S1}}{\sum\limits_{j=1}^{m_1} S_j + \sum\limits_{i=1}^{m_2} S_{Si}} I_{rms0} \\ I_{rmsS2} = -\dfrac{S_{S2}}{\sum\limits_{j=1}^{m_1} S_j + \sum\limits_{i=1}^{m_2} S_{Si}} I_{rms0} \\ \vdots \\ I_{rmsSi} = -\dfrac{S_{Si}}{\sum\limits_{j=1}^{m_1} S_j + \sum\limits_{i=1}^{m_2} S_{Si}} I_{rms0} \\ I_{rmsSm_2} = -\dfrac{S_{Sm_2}}{\sum\limits_{j=1}^{m_1} S_j + \sum\limits_{i=1}^{m_2} S_{Si}} I_{rms0} \end{cases} \qquad (2-74)$$

式(2-74)为以 m_2 个小电源升压配电变压器等值容量 S_{Si} 为变量的线性方程组,据此可非常容易地求出 m_2 个小电源等值容量 S_{Si}。

当求出每个小电源升压配电变压器的等值容量 S_{Si},进行配电网理论线损计算时,将其看成一个具有 $S_{Si}(S_{Si}<0)$ 的专用配电变压器,即可按照等值电阻法进行计算。

对于式(2-74)的解,可以分三种情况讨论:

(1) 当 $\sum\limits_{j=1}^{m_1} S_j > \sum\limits_{i=1}^{m_2} S_{Si}$ 时,35 kV 及以上电力网和小电源同时向配电网送电,m_2 个小电源等值容量 S_{Si} 均小于零。

(2) 当 $\sum\limits_{j=1}^{m_1} S_j < \sum\limits_{i=1}^{m_2} S_{Si}$ 时,小电源向配电网送电,同时向 35 kV 及以上电力网反送电,导致 $I_{rms0}<0$,因而,m_2 个小电源等值容量 S_{Si} 仍然均小于零。

(3) 当 $\sum\limits_{j=1}^{m_1} S_j = \sum\limits_{i=1}^{m_2} S_{Si}$ 时,配电网从小电源获取全部电能,近似于一个孤立网络,这是一个极特殊的情况。

因此,无论在哪种情况下,m_2 个小电源等值容量 S_{Si} 均小于零。

小电源等效容量法的另一种做法是,根据小电源平均电流进行等值。

根据每个小电源在时段 T 内的有功电量 E_{Si} 和无功电量 Q_{Si},可以得到它的平均电流 I_{avSi}。

$$I_{avSi} = \frac{\sqrt{E_{Si}^2 + Q_{Si}^2}}{\sqrt{3}UT} \qquad (2-75)$$

因此，第 i 台配电变压器在时段 T 内的平均视在功率为：

$$S_{Si} = \sqrt{3}I_{avSi}U = \frac{\sqrt{E_{Si}^2 + Q_{Si}^2}}{T} \qquad (2-76)$$

当根据公式(2-76)计算出各个小电源的升压变压器等效容量 S_{Si}，进行配电网的理论线损分析时，可以将其视为一个等效容量为 S_{Si} 的专用配变。这样，就可以使用等效电阻法来进行计算。

2. 配电网环网供电时线损理论计算

一般地，配电网都采用辐射状接线方式，但对于少数供电安全性要求较高的配电网也会采用环网接线方式进行供电。面对双端供电的线路，需要在"功率分割点"进行人为分割，形成两条独立的线路。这个"功率分割点"指的是两侧的配电变压器容量基本相等。同时，两端都必须通过计量设备来获取电流的均方根值。

2.4 低压电网电能损耗计算

低压电网通常指的是 0.4 kV 以下的电网。与配电网相比，低压电网的结构更为复杂多变，它可能采用三相四线制、单相供电或三相三线制等不同的供电模式。此外，各相的电流分布往往不均衡，不同容量的变压器供电的出线回路各有差异，线路上的负载分布也缺乏规律性。同时，同一主干线路可能由多种截面不同的导线构成。低压电网还常常出现线路参数和负载数据不完整、不准确的情况[29][30]。因此，要准确计算低压电网的电能损耗难度较大，实际操作中几乎难以实现。根据《电力网电能损耗计算导则》(DL/T 686—2018)的建议，可根据台区负荷水平将低压台区划分为若干类，每类合理选取典型代表台区，以实测线损值为基础，基于各类台区配变容量汇总计算分析。

0.4 kV 低压台区的线损理论计算依据的是电网的结构特性和运行时的数据。这项研究主要关注的是，在电网结构相对稳定的情况下，低压电网的负荷如何随时间实时变动。针对 0.4 kV 低压台区的布局和负载特性，必须选择恰当的计算方法和模型来估算电网的理论线损。因此，无论哪种计算低压台区线损的方法都具有以下三个特点：

1. 近似性。鉴于 0.4 kV 低压台区的网络布局复杂，负载特性多样，负载功率随时间动态变化，加之外部环境因素具有不确定性，实现对 0.4 kV 低压台区理论线损的绝对精确计算是不可行的。因此,无论使用何种计算方式和模型,目标都是尽可能地使计算结果贴近实际运行情况,力求高精确度,以使计算结果贴近实际值。

2. 假设性。在目前 0.4 kV 低压台区的线损理论计算中,由于电网结构的复杂性,许多节点缺乏监测设备,往往需要设定一些前提条件以简化计算流程,并据此构建计算模型。这些前提条件的设定可能导致计算结果出现较大偏差,准确性受到影响,高于或低于实际值。尽管如此,这些条件并非随意设定,而是有着一定的理论依据。

3. 多样性。在进行 0.4 kV 低压台区的线损理论计算时,须认识到其计算的近似性和假设性,在对同一低压台区进行理论线损进行估计时,可以根据电网的结构特点、负载状态以及所设定的假设条件,选择多种不同的计算方法和模型。这种计算方法的多样性有助于使计算结果更贴近实际。

2.4.1 计算单元

确定低压电网的干线及其末端(如果配电变压器连接有多个输出线路,则须明确每条线路的末端位置,并将每条输出线路视为一个独立的计算单元)。主干线路直接分出的线路被称作一级分支线路,而从这些一级分支线路上继续分出的线路则被定义为二级分支线路。

低压电网结构复杂,负载分布不均,且相关信息往往不完整,因此通常只能采取简化的计算方法。下文将对台区损耗率法、电压损耗率法、竹节法和等值电阻法四种线损计算方法分别进行介绍。

2.4.2 台区损耗率法

台区损耗率方法包括以下四个步骤:

1. 使用特定的月度供电量数据,从选定的台区中筛选出容量相同、低压线路数量也具有代表性的几个台区作为标准样本。确保这些台区的负载运行平稳,电表运作正常,并且没有电力盗窃现象发生。

2. 在相同的日期和时间段内,记录每个典型台区的主电表的供电量以及该台区内所有售电表的销售电量。利用这些数据,可以计算出在测量期间内,每个典型台区的损耗电量及其损耗率,然后计算各容量下典型台区的平均损耗率 $\overline{\Delta A_i}$。

3. 将需要计算损耗的各个台区按照其配电变压器的容量进行分类,在每个组内,将配电变压器的月供电量总和乘以该组内典型台区的平均损耗率

$\overline{\Delta A_i}$，即得该组台区损耗电量。计算公式为：

$$\Delta A_i = \overline{\Delta A_i} \sum A_i \qquad (2-77)$$

4. 汇总各组台区的损耗电量，从而计算出整个低压配电网台区的总损耗电量。计算公式为：

$$\Delta A = \sum_{i=1}^{n} \overline{\Delta A_i} \sum A_i \qquad (2-78)$$

式中，n 为配电变压器按容量划分的组数；A_i 为第 i 台配电变压器低压侧月供电量，kW·h。

2.4.3 电压损耗率法

电压损耗率法的计算方法和步骤如下：

1. 挑选出具有代表性的几个台区，这些台区的配电变压器容量、低压主干线路的规格以及供电半径都应具有典型性。

2. 明确低压电网的主线路和各分支的终点位置，特别是当配电变压器连接有多个输出线路时，要逐一确定每条线路的末端。每条输出线路都应作为一个独立的计算单元。直接从主线路上分出的线路被定义为一级分支，而从一级分支上进一步分出的线路则被定义为二级分支。

3. 在低压电网最大负荷时测录配电变压器出口电压 $U_{\max}$ 和末端电压 $U'_{\max}$。

4. 计算最大负荷时首、末端的电压损耗率 $\Delta U_{\max}$ 为：

$$\Delta U_{\max} = \frac{U_{\max} - U'_{\max}}{U_{\max}} \times 100\% \qquad (2-79)$$

式中，$U_{\max}$ 为最大负荷时配电变压器出口电压，V；$U'_{\max}$ 为最大负荷时干线末端电压，V。

5. 按下列公式计算最大负荷时的功率损耗率 $\Delta P_{\max}$。

$$\Delta P_{\max} = K_P \Delta U_{\max} \qquad (2-80)$$

$$K_P = \frac{1 + \text{tg}^2 \varphi}{1 + \frac{x}{R} \text{tg} \varphi} \qquad (2-81)$$

式中，x 为导线电抗，Ω；R 为导线电阻，Ω；φ 为电流与电压间的相角，°。

6. 根据以下公式来计算示范日的电能损耗率及其损耗的电能。

$$\Delta A = \frac{F}{f} \Delta P_{\max} \tag{2-82}$$

$$\Delta A = A \cdot \Delta A \tag{2-83}$$

式中，f 为负荷率，各单位根据实际情况确定；F 为损耗因数；A 为示范日配电变压器的供电量（如果是多条输出线路，则根据每条线路的电流来分配供电量），kW·h。

7. 对于负载较重、线路较长的一级分支，须要测量并记录分支连接点和末端的电压值，然后依照之前提到的步骤来计算该分支的电能损耗。

8. 一个单元的损耗电量＝(干线的损耗电能＋主要一级支线的损耗电能)/K，其中 K 为干线及一级支线占计算单元的损耗电能的百分数，一般取 80%。

9. 一台配电变压器的低压电网的总损耗电能是其所有计算单元损耗电能的累加和。

10. 按上述方法和步骤计算其余典型台区的电能损耗率 ΔA_i。

$$\Delta A_i = \Delta A_i / A_i \tag{2-84}$$

式中，A_i 为典型主台区日供电量，kW·h；ΔA_i 为典型台区日电能损耗，kW·h。

11. 将待计算的各台区分为 n 个典型组，统计各组台区供电量 $\sum A_i$，并按下式计算各台区总损耗。

$$\Delta A = \sum_{i=1}^{n} (\Delta A_i \sum A_i) \tag{2-85}$$

式中，n 为典型台区数；$\sum A_i$ 为电能损耗率，为 ΔA_i 的台区供电量之和。

12. 在计算电能表的损耗时，通常重点关注的是感应式交流电能表的固有损耗，每只单相表月损耗电能取 1 kW·h，每只三相表月损耗电能取 2 kW·h，则总损耗电能为：

$$\Delta A = 1 \cdot n + 2 \cdot M \tag{2-86}$$

式中，n、M 为单相、三相电能表的数量。

13. 台区的总损耗电量等于低压电网的损耗电量与电能表的损耗电量之和。

2.4.4 竹节法

由于低压配电网络管理的复杂性和线路参数和接线图的缺乏,导致低压线损的计算工作变得非常困难。为应对这一挑战,引入了一种创新的低压线路损耗理论计算技术,名为"竹节法"。

各地区每户的用电量差异显著,这导致低压线损率也有所不同。然而,在相同地区的不同村庄之间,由于经济条件相似,用户的用电量差异相对有限。基于这一点,可以基于下户线的平均用电量和平均长度来估算下户线的损耗,再乘以下户线的总数,从而得出整个台区所有下户线的总损耗。虽然这种方法与逐个计算每条下户线损耗后求和的结果可能存在微小差异,但通常来说影响不大。

依据统计原理,随着下户线数量的增加,计算出的损耗数据会更加精确。类似的计算方式同样适用于支线和主线损耗的估算。这种方法考虑了主线和支线上电流逐渐减小的情况,实现了对下户线上平均功率的计算。所以,该方法被形象地称为"竹节法"。应用均值电流法来估算电流,以"竹节式"逐步降低主线路和分支线路的电流,并使用平均功率值来确定入户线的电流。

下面为竹节法计算的四个假设:

1. 每个电气节点的电压相等。
2. 支线在主干线上均匀分布。
3. 所有支线的长度和负载量一致(包括负载大小、功率因数和负载形状系数),且下户线的数量一致,这些下户线在支线上分布均匀。
4. 每条下户线的长度一致,且每条下户线的负载量相同。

假设首端电流为 I_0,分支线首端电流为 I_1,下户线首端电流为 I_2,根据竹节法的原理,共有 n 个分支线、m 个下户线,每条分支线的平均下户线为 m'。

则分支线的首端电流为:

$$I_1 = \frac{I_0}{n} \tag{2-87}$$

每条分支线的平均下户线为:

$$m' = \frac{m}{n} \tag{2-88}$$

则下户线的首端电流为:

$$I_2 = I_1/m' = I_0/\left(n \times \frac{m}{n}\right) = I_0/m \tag{2-89}$$

因此,采用竹节法进行低压线损理论计算分为以下三步:

(1) 计算主线单相线损功率

$$P_1 = K_1 K_2^2 K_3 \cdot [1^2 + 2^2 + 3^3 + \cdots + (n-j)^2 + \cdots + n^2] \cdot I_0^2 R_1/n^3$$

$$= K_1 K_2^2 K_3 \cdot \sum_{j=1}^{n} j^2 \cdot \frac{I_0^2 R_1}{n^3}$$

$$= K_1 K_2^2 K_3 \cdot \frac{(n+1)(2n+1)}{6n^2} I_0^2 R_1$$

$$K_3 = \frac{3(1+M_1^2+M_2^2)}{(1+M_1+M_2)^2} \tag{2-90}$$

式中,K_1 为损失系数,与线路老化程度有关;K_2 为负荷形状系数;K_3 为不平衡系数;n 为支线个数;j 为第 j 个支线;I_0 为线路首端相电流,A;R_1 为主线电阻,Ω;M_1 为最大不平衡系数,即最小负荷相功率与最大负荷相功率的比值,取值范围为 0~1;M_2 为最小不平衡系数,即次小负荷相功率与最大负荷相功率的比值,取值范围为 0~1。

低压台区主线线路类型一般有三相四线、三相三线和单相二线,故主线线损总和为:

① 主线线路为三相四线时

$$P_{1\sum} = 3.5 \cdot P_1 \tag{2-91}$$

② 主线线路为三相三线时

$$P_{1\sum} = 3 \cdot P_1 \tag{2-92}$$

③ 主线线路为单相二线时

$$P_{1\sum} = 2 \cdot P_1 \tag{2-93}$$

(2) 支线按单相考虑,计算其线损功率

每条支线的每一相的线损功率计算方法与主线路的计算方式一致,支线的线损功率为:

$$P_2 = 2K_1 K_2^2 K_3 \cdot (1^2 + 2^2 + 3^3 + \cdots + (n-j)^2 + \cdots + m'^2) \cdot I_1^2 \cdot \frac{R_2}{m'^3}$$

$$= 2K_1 K_2^2 K_3 \cdot \sum_{j=1}^{m'} j^2 \cdot \frac{I_0^2 R_2}{n^2 m'^3}$$

$$= 2K_1 K_2^2 K_3 \cdot \frac{(m'+1)(2m'+1)}{6m'^2 n^2} I_0^2 R_2$$

$$= 2K_1 K_2^2 K_3 \cdot \frac{(m+n)(2m+n)}{6m^2 n^2} \tag{2-94}$$

式中，m 为下户线个数；R_2 为支线平均电阻，Ω。

则所有支线损耗之和为：

$$P_{2\sum} = 2K_1 K_2^2 K_3 \cdot \frac{(m+n)(2m+n)}{6m^2 n} \cdot I_0^2 R_2 \tag{2-95}$$

当支线为三相四线、三相三线时，作为三个支线处理，支线长度为原长的三倍，支线个数为原来的三倍。

(3) 下户线按单相考虑，单个下户损失功率为：

$$P_3 = 2K_1 K_2^2 K_3 I_2^2 R_3 = 2K_1 K_2^2 K_3 I_0^2 \frac{R_3}{m^2} \tag{2-96}$$

式中，R_3 为下户线平均电阻。

低压台区下户线损失总功率为：

$$P_{3\sum} = 2K_1 K_2^2 K_3 I_0^2 \frac{R_3}{m^2} \cdot m = 2K_1 K_2^2 K_3 I_0^2 R_3/m \tag{2-97}$$

当下户线配置为三相四线或三相三线制时，应将其视为三个独立的下户线来处理。在这种情况下，下户线的总长度相当于原长度的三倍，同时下户线的总数也增加到原来的三倍。

(4) 电能表损耗和漏电保护器损耗 $P_{4\sum}$。通常，感应式单相电能表每月损耗电能设定为 1 kW·h，而三相四线电能表设定为 2 kW·h。对于电子式电能表，单相表的月损耗电能设定为 0.4 kW·h，三相表则为 0.8 kW·h。至于二级漏电保护器，由于型号不同，其损耗电能也有所差异，但一般每月的损耗电能按 0.5 kW·h 来估算。

通过竹节法计算低压台区线损的时候，每次出线总损耗为：

$$P_0 = P_{1\sum} + P_{2\sum} + P_{3\sum} + P_{4\sum} \tag{2-98}$$

考虑到现有低压电网的特性和工程计算的精确度需求，这种方法是切实可行的。

采用竹节法进行计算的优点是其过程简洁明了，所需参数不多，容易获取，计算结果通常能满足工程上的精度需求。不过，这种方法同样有一些局限性，比如依赖于一些假设,这些假设可能并不总是与现实情况相符,这可能会影响计算的准确性。

2.4.5 等值电阻法

使用等值电阻法对配电网进行计算时,特别考虑到了低压电网的特性。它通过记录配电变压器总表的有功和无功电能,替代了传统配电网计算中起始点的电能计算。在此方法中,用户电能表的容量被用来替代原计算公式中的变压器容量,而线路的结构参数则与等值电阻法中的参数保持一致。此方法的一个关键区别在于它考虑了单相负载与三相负载之间的转换问题。由于单相系统的功率损耗是三相系统的六倍,单相负载到三相系统的距离可以按六倍计算。形状系数和电压可以通过在配电变压器的输出端进行实际测量来确定。虽然这种方法不适用于所有低压电网的计算,但对一些典型台区的计算,是具有实际价值的。一般按输入数据分为以电流表数据为计算负荷电流依据的计算方法和以电能表数据为计算负荷电流依据的计算方法。

1. 以电流表数据为计算负荷电流依据的计算方法

三相三线制配电线路:

$$\Delta A = 3I^2 Rt \times 10^{-3} \tag{2-99}$$

三相四线制配电线路:

$$\Delta A = 3.5I^2 Rt \times 10^{-3} \tag{2-100}$$

单相两线制配电线路:

$$\Delta A = 2I^2 Rt \times 10^{-3} \tag{2-101}$$

故低压网线损计算可表示为:

$$\Delta A_{X1} = N \cdot I_{\max}^2 \cdot F \cdot R_{eq} \cdot t \times 10^{-3} \tag{2-102}$$

式中:

$$F = 0.15f + 0.85f^2 \tag{2-103}$$

$$f = \frac{I_{av}}{I_{\max}} = \frac{P_{av}}{P_{\max}} \tag{2-104}$$

$$R_{eq} = \frac{\sum N_k \cdot I_{\max k}^2 \cdot R_k}{N \cdot I_{\max}^2} \tag{2-105}$$

式中,$I_{\max}$ 是配电变压器低压出口处实测最大负荷电流,A;$I_{\max k}$ 是低压线路各计算分段实测最大负荷电流，A；R_{eq} 是低压线路的等值电阻，Ω；R_k 是低压线路各计算分段电阻，即 $R_k = r_0 \times l_k$，Ω；t 是配电变压器向低压线路的供电时间，h；F 是负荷损失因数；f 是线路负荷率；I_{av} 是线路平均负荷电流，A；P_{av} 是线路平均功率，kW；N_k、N 分别为各计算时段的电力网结构系数。

2. 以电能表数据为计算负荷电流依据的计算方法

计算式为：

$$\Delta A_{Xl} = N I_{av}^2 k^2 R_{eq} t \times 10^{-3} \tag{2-106}$$

线路首端平均负荷电流，即变压器低压侧出口电流 I_{av} 和线路等值电阻 R_{eq} 按照下式计算。若配电变压器二次侧装有有功电能表和无功电能表时，I_{av} 的计算式为：

$$I_{av} = \frac{1}{U_{av} \cdot t} \sqrt{\frac{1}{3}(A_{p \cdot g}^2 + A_{q \cdot g}^2)} \tag{2-107}$$

当配电变压器二次侧装有功电能表和功率因数表时，I_{av} 的公式为：

$$I_{av} = \frac{A_{p \cdot g}}{\sqrt{3} U_{av} \cdot \cos\varphi \cdot t} \tag{2-108}$$

而

$$R_{eq} = \frac{\sum_{j=1}^{n} N_j \cdot (\sum_{i=1}^{n} A_{j,\Sigma}^2 \cdot R_k)}{N \cdot (\sum_{i=1}^{m} A_i)^2} \tag{2-109}$$

式中，U_{av} 为线路的平均运行电压，为了方便计算可取 $U_{av} \approx 0.38$，kV；$A_{p \cdot g}$ 为变压器二次侧装有功电能表的抄见电量，kW·h；$A_{q \cdot g}$ 为变压器二次侧装无功电能表的抄见电量，kvarh；$\cos\varphi$ 为线路负荷功率因数；A_i 为各 380/220V 用户电能表的抄见电量，kW·h；$A_{j,\Sigma}$ 为第 j 个计算线段供电的所有低压用户电能表抄见电量之和，kW·h。

当配电变压器低压侧总电能表的抄见电量为 A_P(kW·h)时，则低压网的理论线损率为：

$$\Delta A_{di} = \frac{\Delta A_{\Sigma}}{A_P} \times 100\% = \frac{\Delta A_{Xl}}{A_P} \times 100\% \tag{2-110}$$

式中，ΔA_{Σ} 为低压网总电量，kW·h；ΔA_{X1} 为低压线路损耗电量，kW·h；A_P 为低压电网的起始端有功供电量，指的是配电变压器低压侧总电能表记录的电能量,kW·h。

2.4.6 迭代法

目前,低压配电网在进行简化计算时常使用等值电阻法,但这种方法并没有充分考虑不同线制(如三相四线制或单相二线制)的影响,以及电压降对线路的具体影响。因此,等值电阻法仅能对低压台区理论线损进行大致估算,并不能精确地计算出每条分支线路的损耗等详细参数。一种改进的计算方法,即前推后代法,基于支线电流、输入用户的电能量数据,并结合前推后代法的理论,实现对低压 400 V 电网的计算。这种方法能够充分考虑线路的线制和电压降对损耗的影响,从而使得计算结果更加准确可靠。同时,它还能详细提供每条导线上的电压降和电流等数据。

1. 计算过程从线路末端的一级负荷开始,根据节点的功率,计算流入末端节点的支线电流 I_i 及首端理论电流 I:

$$I_i = \frac{A_i}{U_i \cos\varphi \cdot t}(单相二线制导线) \quad (2\text{-}111)$$

$$I_i = \frac{A_i}{\sqrt{3}U_i \cos\varphi \cdot t}(三相四线制导线) \quad (2\text{-}112)$$

$$I_i = \frac{A}{\sqrt{3}U\cos\varphi \cdot t} \quad (2\text{-}113)$$

2. 三相制导线电流取值原则:当单相线路与三相线路同时从同一点引出时,单相线路对三相线路中的电流贡献相当于其总电流的三分之一,也就是说三相线路的总电流是单相线路电流的三分之一与其他支线电流之和。如果线路采用相同的线制,根据基尔霍夫定律可以直接将各支线电流相加得到总电流。

3. 根据步骤 1 和步骤 2 可计算出所有支线的电流 I_i 和首端理论电流 I,然后利用已知的根节点电压,从根节点向后顺次求出各个负荷节点的电压:

$$U_j = U_i - I_{ij}R_{ij} \quad (2\text{-}114)$$

在此过程中,j 为子节点,i 为父节点,R_{ij} 为 i 与 j 之间支线导线的电阻。

4. 根据步骤 3 算出末端实际电压 U_j,重复步骤 1~3 过程,得出新的支线电流 I'_i、首端电流 I'_0 及末端负荷节点电压 U'_j;

5. 计算首端电流的变化 ΔI 以及支线电流幅值修正量 k:

$$\Delta I = |I_j - I_i| \quad (2\text{-}115)$$

$$k=\frac{I'_0}{I} \qquad (2-116)$$

6. 判断一次收敛条件：

若 $\Delta I < \varepsilon$，则会跳出循环，代入支线电流修正量计算下一步；

若 $\Delta I > \varepsilon$，则会利用步骤 4 的结果重复步骤 1~3，得出新的 ΔI_1。

判断二次收敛条件：

若 $\Delta I_1 < \Delta I$，则迭代过程将持续进行，直到达到一次判定标准后终止，并展示计算结果；

若 $\Delta I_1 > \Delta I$，则迭代将终止，随后根据支线电流的幅度修正值重复前述步骤，直至达到既定条件。

得到各个节点的电压、电流后就可以计算理论线损了。

三、同期线损

3.1 基本概念

3.1.1 同期线损定义

同期线损是指采用在相同时间点记录的电量数据来确定供电量和售电量，以解决由传统抄表方式导致的线损率波动问题。采用传统抄表方法时，供电量和售电量无法同时记录，月度线路损耗率出现较大波动，造成线损管理问题被掩盖，影响电网企业管理的监控和指导作用[31]。为了解决这一问题，有两种管理方法：一是提前发行供电量以与售电量匹配，但由于售电量和结构的差异，难以确定具体供电量发行日，不利于统一指导基层单位执行；二是采用月末发行售电量，与供电量同期，通过信息采集系统采集电量数据，统一调整售电量发行时间。这种方法涉及所有售电用户，须进行内部业务流程调整，但在智能电表和信息采集系统支持下具有较强的可行性[32]。本次系统设计选用了售电量月末发行，与供电量同期的管理方法。

3.1.2 同期线损基础条件

1. 在硬件设备方面，电力数据收集系统、SCADA 系统、智能电表的广泛使用以及用电信息采集系统，为获取供电和售电数据提供了必要的硬件基础。

2. 在业务管理层面，发展、调度、运维检查和市场营销等不同部门可以采用同步线损业务的协同管理策略。设备（资产）维护的精细化管理系统、调度管理系统以及市场营销业务系统能够实现数据的横向整合，确保电网结构、设备和用户信息档案的完整性和准确性。

3. 在电网结构管理方面，须获取完整的站内排线示意图、主网结构图和配电网络连接关系。

3.1.3 同期线损意义

1. 线损是衡量电力生产和企业管理的关键指标,具有高度的敏感性,能够帮助管理者迅速发现诸如电力盗窃、数据管理不当等问题,对强化企业管理起着重要作用。

2. 线损指标能够为电网的建设和规划提供有力的指导,有助于识别并强化配电网中的薄弱环节。它通过精准识别电网运行中的不足和损耗较高的部分,为电网的优化规划和降低损耗提供了具有针对性的参考,特别解决了配电网存在的问题,以应对"两头薄弱"情况。

3. 线损管理促进各专业之间的协同合作,推动"三集五大"体系建设。通过同步管理线损,促进电量、电网和客户数据的整合与共享,增强不同专业领域间的联系与协作,实现高效的协同工作,这对于构建"三集五大"体系是有益的。

4. 通过强化专业管理,提高管理的精益化水平。执行线损的"四分"精益管理标准,实现对区域、线路、台区和用户的实时监控和动态分析,从而切实加强对线损的精细管理。同时,规范市场营销和购电流程,确保电费回收的监控和购售电业务的全流程可控性。

5. 深化成本效益分析,支撑公司决策。真实可靠的经营指标和成本监控,有助于严控审计风险并提供决策参考。深入分析"购电支出、售电收入、电网损耗"等数据,为公司的成本管理、电价政策和大用户直购电提供支持。

6. 实现电量数据与政府经济统计数据同步,促进各行业用电数据与经济数据的对接,为相关经济指数分析提供数据支撑。

3.1.4 同期线损存在困难

1. 当月抄表后,用户须等待数天才能结清电费,导致催费时间缩短,提高了电费结清指标完成难度。

2. 完成月末电表读数核算之后,须执行现场的补充抄表工作。如果补充抄表的周期延长,可能会对市场营销和电费回收的工作产生不利影响。

3. 由于智能电表推广尚未完全覆盖区域,采集成功率难以达到100%,影响同期线损计算和统计月末售电量。

4. 公司管理制度对线损、营销和财务指标的下达多基于现有抄表模式,导致基层部门难以完成月末抄表后的电费回收率等考核指标。

5. 采集数据存在失败的风险。不同用户环境或设备问题可能导致通信信号差,造成数据采集失败。在极端情况下,如果系统发生故障,可能会导致大规模的电表数据抄录失败,这会带来严重的风险,并可能引起客户的不满和投诉。

6. 用户、电网拓扑等随电网运行方式变化而变化,目前没有有效的运行机制,能保障用户—电表—台区—线路—变电站—电网等对应关系实时更新,可能会造成线损供售关系错误。

3.1.5 基本流程

推行同期线损业务流程可分为关口管理、电量计算、月线损同期计算、线损在线监测以及线损结果应用五方面内容。

1. 关口管理

关口管理包括发展部下达关口计算点文件、完成关口注册、关口建档,电能量采集系统中关口采集等工作。

2. 电量计算

电量计算部分主要是进行同期供电量和售电量的计算。同期供电量计算中需要从电能量采集系统提取电厂发电量数据、关口旁代数据等数据,经关口电量核算后统一发布。同期售电量计算的基础是对实现采集覆盖用电客户实施月末抄表核算,营销系统完成月末抄表核算发行后,须按分区域、分压、分元件、分台区对售电量进行统计,并提报一体化线损管控平台。

3. 月线损同期计算

同期月线损计算部分主要根据同期供电量和售电量计算出同期线损率,并根据关口电量和售电量进行"四分线损"的月线损统计。对于高损区域、高损线路、高损台区通过与理论线损相结合等方法找出高损原因。

4. 同期日线损在线监测

同期日线损在线监测主要根据从电能量采集系统中获得的日供电量数据、用电信息采集系统中获得的日售电量数据计算日线损率,并结合电网拓扑数据进行日"四分线损"统计。

5. 线损结果应用

线损结果应用部分主要综合应用智能电表采集数据,从档案异常、装置异常、运行异常、采集异常和用电异常五个方面进行深层次数据挖掘,分析线损异常原因,为线损异常处理和降损提供策略支持。

3.2 同期线损相关算法

3.2.1 线损率

线损率＝线损电量/供电量×100％＝[(供电量－售电量)/供电量]×100％

其中,供电量＝电厂上网电量＋电网输入电量－电网输出电量,售电量＝销售给终端用户的电量,包括销售给本省用户(含趸售用户)和不经过邻省电网而直接销售给邻省终端用户的电量。

3.2.2 有损线损率

有损线损率＝线损电量/(供电量－无损电量)×100％
　　　　　＝[(供电量－售电量)/(供电量－无损电量)]×100％

其中,供、售电量定义与线损率计算方法相同。

无损电量是一个相对概念,是指在某一电压等级下或某一供电区域内没有产生线损的供(售)电量。

3.2.3 各级线损率

1. 跨国跨区跨省线损率＝跨国跨区跨省联络线和"点对网"送电线路[(输入电量－输出电量)/输入电量]×100％

2. 省网线损率＝[(省网输入电量－省网输出电量)/省网输入量]×100％

省网输入电量＝电厂220 kV及以上输入电量＋220 kV及以上省间联络线输入电量＋地区电网向省网输入电量

省网输出电量＝省网向地区电网输出电量＋220 kV及以上用户售电量＋220 kV及以上省间联络线输出电量

3. 地区线损率＝[(地区供电量－地区售电量)/地区供电量]×100％

地区供电量＝本地区电厂220 kV以下上网电量＋省网输入电量－省网输出电量

4. 分压线损率＝[(该电压等级输入电量－该电压等级输出电量)/该电压等级输入电量]×100％

其中:该电压等级输入电量＝接入本电压等级的发电厂上网电量＋本电压等级外网输入电量＋上级电网主变本电压等级侧的输入电量＋下级电网向本电压等级主变输入电量(主变中、低压侧输入电量合计);

该电压等级输出电量＝本电压等级售电量＋本电压等级向外网输出电量＋本电压等级主变向下级电网输出电量(主变中、低压侧输出电量合计)＋上级电网主变本电压等级侧的输出电量。

5. 分元件线损率元件损失率＝［元件(输入电量－输出电量)/元件输入电量］×100％

变压器输入电量是变压器高中低压侧流入变压器的电量之和,变压器输出电量是变压器高中低压侧流出变压器的电量之和。

6. 分台区线损率台区线损率＝［(台区总表电量－用户售电量)/台区总表电量］×100％

两台及以上变压器低压侧并联,或低压联络开关并联运行的,可将所有并联运行变压器视为一个台区单元统计线损率。

3.2.4 同期线损异常指标

1. 母线的电能平衡异常情况:可以将其划分为两个电能不平衡率指标,一个是220 kV及以上电压等级母线的电能不平衡率,另一个是10 kV至110 kV电压等级母线的电能不平衡率。

2. 分压线损异常情况:涉及35 kV及以上电压等级的分压线损率超出预设阈值;10(20、6)kV及更低电压等级的分压线损超出了预设阈值。

3. 分台区线损异常情况:市级或县级供电公司在月度线损率指标上超出了预设的限值,或者其波动幅度超过了规定的范围。

4. 分元件线损异常情况:35 kV及以上电压等级的线路和变压器损失率异常,表现为数值为负或超出了规定限度或者市中心、市区、城镇和农村地区的10 kV线路损失率(含变压器损耗)出现负值或各自超过了设定的限值,或者其变化幅度超过了计划指标所规定的范围。

3.3 线损"四分"统计计算

按照国家电网公司对线损的要求,统计线损要做到"四分"统计[33]-[35]:

1. 区域化管理,即按照供电区域将电网划分为多个行政管理单元,并对这些单元进行线损的统计和考核。

2. 电压等级管理,即根据电网的不同电压等级进行电能损耗的统计和考核。

3. 设备单元管理,即对电网中各个电压等级的主要设备(如线路和变压器)的电能损耗进行单独的统计和分析。

4. 台区管理,即对电网中每个公共配电变压器所服务的区域的线路损耗进行统计和分析。

此外,还有线损小指标的统计线损计算,如母线不平衡率、站用电指标合格率等。

3.3.1 分区统计计算

线损的区域化管理策略涉及将电网划分为若干个供电区域的管理单元,并对这些单元进行线损的统计与评估。使用这种方法不仅便于实施分层次的管理,还构建了一个网络化的管理体系,带来了规模效益,并清晰界定了各个区域的职责范围。此外,区域化管理有助于识别和分析线损异常及原因,从而促进问题的迅速解决。通常,线损区域的划分基于供电企业的次级单位的管辖范围,并考虑了电网的布局和管理模式。在电网规模较小的情况下,可能无须采用区域化管理[36][37]。

电网的分层分区管理是保障电力系统安全稳定运行的关键,准确的电量统计对电力市场的交易成果有直接影响。目前,在电量统计过程中,分区间联络通道的统计可能存在偏差,这一问题常被忽略,因为产生偏差的通道条件较为特殊。由于小型水电站、新能源和微电网的兴起,供电区域的负荷与发电能力之间的平衡出现了变化,区间联络线路上的电量统计误差可能成为影响统计精确度的关键因素。

1. 分区线损率为:

$$分区线损率=(本区线损电量/本区供电量)\times 100\%$$
$$=[(本区供电量-本区售电量)/本区供电量]\times 100\%$$

其中:

本区供电量＝一次电网的输入本区电量＋邻网输入本区电量－本区向邻网输出电量＋本区购入电量

本区售电量是指本区电网用户总的用电量。

2. 二级行政管理(部门)所辖电网线损率为:

$$二级行政管理(部门)所辖电网线损率=(管辖电网统计线损电量/管辖电网总购电量)\times 100\%$$

其中:

二级行政管理单位(部门)管辖电网总购电量＝二级行政管理单位(部门)省网关口电量＋二级行政管理单位(部门)购地方电量

二级行政管理单位(部门)管辖电网统计线损电量＝二级行政管理单位(部门)所管辖电网的总购电量－二级行政管理单位(部门)售电量

3.3.2 分压统计计算

线损分压管理是指对所管理的电网中各个不同电压等级的部分进行线损的统计、分析及评估的一种方法。根据电网中设备的电压等级确定分压方式，通常包括220 kV、110 kV、35 kV、10 kV和0.4 kV等级的线损。在一般情况下，35 kV及以上被称为主网线损，而10 kV及以下则被称为配网线损。

与区域化管理不同，线损分压管理侧重于根据电压等级的不同来执行统计和考核。这种方法的目标和成效与区域化管理有所区别，主要是为了高效地处理不同电压等级间的能耗问题，特别关注那些能耗较高的等级，并采取相应措施以减少能耗。通过专注于能耗较高的电压等级，这种方法有助于推动电网的规划和优化，为电网的提升创造有利条件。

1. 500 kV分压线损率：

$$500\ kV线损率＝[(500\ kV上网电量－500\ kV下网电量)/500\ kV上网电量]\times100\%$$

其中：

500 kV上网电量＝电厂500 kV出线正向电量＋500 kV省际联络线输入电量＋下级电网向上倒送电量(主变中、低压侧输入电量合计)

500 kV下网电量＝500 kV省际联络线输出电量＋送入下级电网电量(主变中、低压侧输出电量合计)

2. 220 kV统计线损率：

$$220\ kV线损率＝[(220\ kV上网电量－220\ kV下网电量)/220\ kV上网电量]\times100\%$$

其中：

220 kV上网电量＝电厂220 kV出线输入电量＋220 kV省际联络线输入电量＋500 kV电压等级(220 kV主变中、低压侧输入电量合计)220 kV侧输入电量＋下级电网向上倒送电量(220 kV主变中、低压侧输入电量合计)

220 kV下网电量＝电厂220 kV出线反向电量＋220 kV省际联络线输出电量＋500 kV主变220 kV侧总表输出电量＋送入下级电网电量(220 kV主变中、低压侧输出电量合计)＋220 kV专线用户售电量(含对境外送电)

3. 110 kV统计线损率：

110 kV 线损率＝[(110 kV 上网电量－110 kV 下网电量)/110 kV 上网电量]×100%

110 kV 上网电量＝电厂 110 kV 出线输入电量＋220 kV 主变 110 kV 侧输入电量＋外部电网 110 kV 输入电量＋下级电网向上倒送电量(110 kV 主变中、低压侧输入电量合计)。

110 kV 下网电量＝电厂 110 kV 出线输出电量＋通过 110 kV 送外部电网电量＋送入下级电网电量(中、低压侧总表)＋110 kV 专线用户售电量(含对境外送电)

其他电压等级(包括直流系统)计算公式以此类推。

3.3.3 分线统计线损计算

线损分线管理策略,是对电网中不同电压等级线路和关键设备进行电能损耗的独立统计与分析。这种策略让管理者可以明确了解每条线路对最终计费用户的损耗情况,有效监控和减少用户的电能损耗,快速识别线损异常,分析原因并采取措施。在必要时,对于多电源供电的用户或在配电网联络开关处,如果计量方式不符合电能计量标准,可以将多条线路视作一条线路进行管理,明确责任归属。各计量点因现场电力流向的差异,分为正向和反向两个负荷方向,因此各计量点的电量定义如下:

"A 开关正向":A 变电站母线流出到线路的负荷电量。

"A 开关反向":对应于"A 开关正向"反方向的负荷电量。

在 110 kV 线路的线损分析中,由于一些站点缺少主变压器的高压侧计量点,故定义:

"B 变低正向、B 变低反向":从主变压器低压侧的计量点所记录的负荷电量,转换计算到主变压器高压侧的负荷电量。

1. 线路线损统计计算方法

(1) 没有 T 接线路时:

① 线路单开关示意图见图 3-1。

图 3-1 线路单开关示意图

线损电量＝A 开关正向＋B 开关正向－A 开关反向－B 开关反向

线损率＝[线损电量/(A 开关正向＋B 开关正向)]×100%

② 一端线路双开关示意图见图 3-2。

图 3-2　一端线路双开关示意图

线损电量＝A 开关 1 正向＋A 开关 2 正向＋B 开关正向－A 开关 1 反向－A 开关 2 反向－B 开关反向

线损率＝[线损电量/(A 开关 1 正向＋A 开关 2 正向＋B 开关正向)]×100%

③ 两端线路双开关示意图见图 3-3。

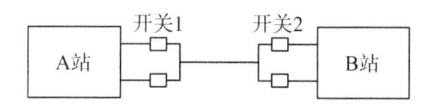

图 3-3　两端线路双开关示意图

线损电量＝A 开关 1 正向＋A 开关 2 正向＋B 开关 1 正向＋B 开关 2 正向－A 开关 1 反向－A 开关 2 反向＝B 开关 1 反向－B 开关 2 反向

线损率＝[线损电量/(A 开关 1 正向＋A 开关 2 正向＋B 开关 1 正向＋B 开关 2 正向)]×100%

④ 只有一侧 110 kV 开关有计量表示意图见图 3-4。

图 3-4　只有一侧 110 kV 开关有计量表示意图

线损电量＝A 开关正向＋B 变低正向－A 开关反向－B 变低反向

线损率＝[线损电量/(A 开关正向＋B 变低正向)]×100%

(2) 有 T 接线路时：

① 线路上有一条 T 接线路(即线路有三侧)，且只有一侧 110 kV 开关装有计量表示意图见图 3-5。

线损电量＝A 开关正向＋B 变低正向＋C 变低正向－A 开关反向－B 变低反向－C 变低反向

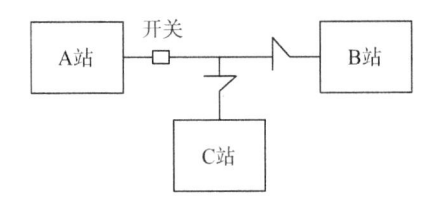

图 3-5　只有一侧 110 kV 开关的单 T 接线路示意图

线损率=[线损电量/(A 开关正向+B 变低正向-C 变低正向)]×100%

② 线路上有一条 T 接线路（即线路有三侧）且三侧 110 kV 开关装有计量表示意图见图 3-6。

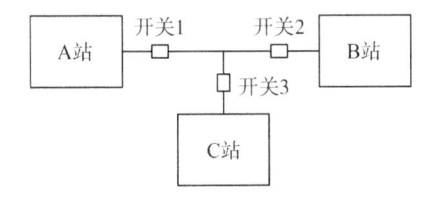

图 3-6　有三侧 110 kV 开关装有计量表示意图

线损电量=A 开关正向+B 开关正向+C 开关正向-A 开关反向-B 开关反向-C 开关反向

线损率=[线损电量/(A 开关正向+B 开关正向+C 开关正向)]×100%

③ 线路上有两条 T 接线路（即线路有四侧）且有三侧 110 kV 开关装有计量表示意图见图 3-7。

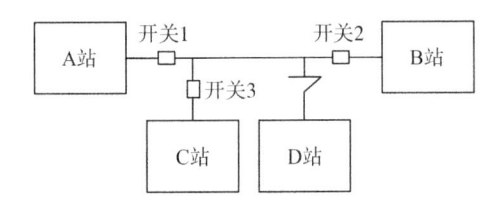

图 3-7　有三侧 110 kV 开关的双 T 接线路示意图

线损电量=A 开关正向+B 开关正向+C 开关正向+D 变低正向-A 开关反向-B 开关反向-C 开关反向-D 变低反向

线损率=[线损电量/(A 开关正向+B 开关正向+C 开关正向+D 变低正向)]×100%

④ 线路上有两条 T 接线路（即线路有四侧）且只有两侧 110 kV 开关装有

计量表示意图见图 3-8。

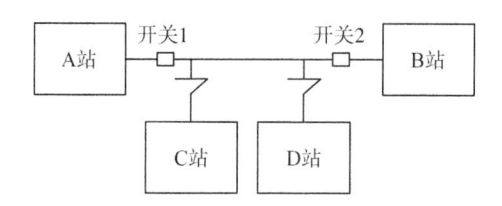

图 3-8 有两侧 110 kV 开关的双 T 接线路示意图

线损电量＝A 开关正向＋B 开关正向＋C 变低正向＋D 变低正向－A 开关反向－B 开关反向－C 变低反向－D 变低反向

线损率＝[线损电量/(A 开关正向＋B 开关正向＋C 变低正向＋D 变低正向)]×100%

⑤ 线路上有三条 T 接线路(即线路有五侧)且只有两侧 110 kV 开关装有计量表示意图见图 3-9。

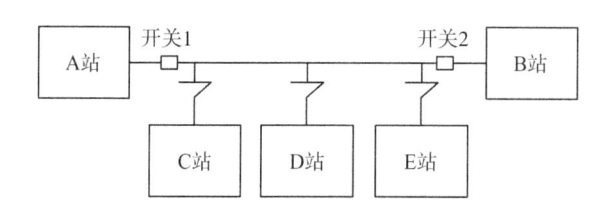

图 3-9 有两侧 110 kV 开关的三 T 接线路示意图

线损电量＝A 开关正向＋B 开关正向＋C 变低正向＋D 变低正向＋E 变低正向－A 开关反向－B 开关反向－C 变低反向－D 变低反向－E 变低反向

线损率＝[线损电量/(A 开关正向＋B 开关正向＋C 变低正向＋D 变低正向＋E 变低正向)]×100%

2. 变压器线损统计计算方法

(1) 变压器变低总表示意图见图 3-10。

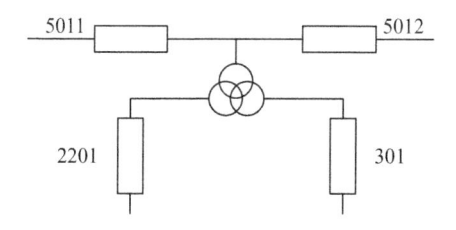

图 3-10 变压器变低总表示意图

线损电量＝5011 正向＋5012 正向＋2201 正向＋301 正向－5011 反向－5012 反向－2201 反向－301 反向

线损率＝[线损电量/(5011 正向＋5012 正向＋2201 正向＋301 正向)]×100%

（2）变压器变低分表示意图见图 3-11。

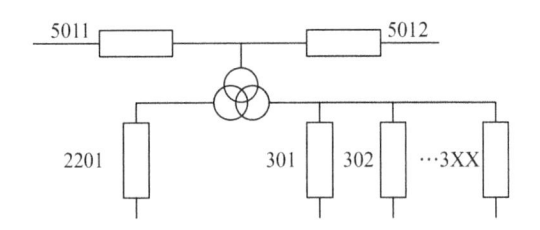

图 3-11　变压器变低分表示意图

线损电量＝5011 正向＋5012 正向＋2201 正向＋301 正向＋302 正向＋303 正向＋…＋3XX 正向－5011 反向－5012 反向－2201 反向－301 反向－302 反向－303 反向－…－3XX 反向

线损率＝[线损电量/(5011 正向＋5012 正向＋2201 正向＋301 正向＋302 正向＋303 正向＋…＋3XX 正向)]×100%

（3）母线损耗统计

在母线线损分析中，各关口计算点因现场潮流方向不同为正、反两个负荷方向，假设母线接有 N 回出线和 N 台主变压器，母线损耗电量统计如下：

线损电量＝线路边开关 1 正向＋…＋线路边开关 N 正向＋1 号主变压器边开关正向＋2 号主变压器边开关正向＋3 号主变压器边开关正向＋…＋N 号主变压器边开关正向－线路边开关 1 反向－…－线路边开关 N 反向－1 号主变压器边开关反向－2 号主变压器边开关反向－3 号主变压器边开关反向－…－N 号主变压器边开关反向

线损率＝{线损电量/[(线路边开关 1 正向)＋…＋(线路边开关 N 正向)＋(1 号主变压器边开关正向)＋(2 号主变压器边开关正向)＋(3 号主变压器边开关正向)＋…＋(N 号主变压器边开关正向)]}×100%

（4）10 kV 线损统计计算方法

10 kV 线路的主线和各分支线通常被视为单一线路来进行计算。对于那些线损率异常、损耗电量较大或需要特别监控的分支线，根据实际需求，可以在分支点增设计量设备，以便对这些分支线的线损率进行单独的统计和分析。

① 单放射线路见图 3-12。

线路总线损率＝[(A 正向－Σ终端用户侧电量)/A 正向]×100%

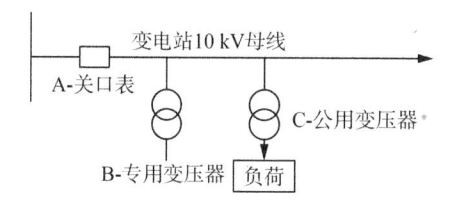

图 3-12　10 kV 单放射线路示意图

线路 10 kV 线损率＝[(A 正向－∑配变总表电量)/A 正向]×100%

② 单放射线路(含小水电)见图 3-13。

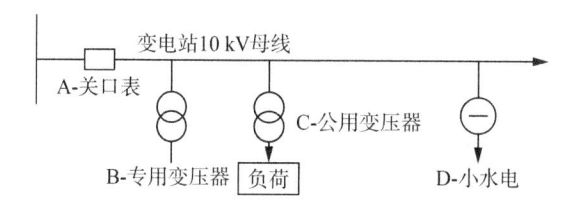

图 3-13　10 kV 单放射线路(含小水电)示意图

线路总线损率＝[(A 正向－A 反向＋D 正向－D 反向－∑终端用户侧电量)/(A 正向－A 反向＋D 正向－D 反向)]×100%

线路 10 kV 线损率＝[(A 正向－A 反向＋D 正向－D 反向－∑配变总表电量)/(A 正向－A 反向＋D 正向－D 反向)]×100%

③ 环网线路见图 3-14。

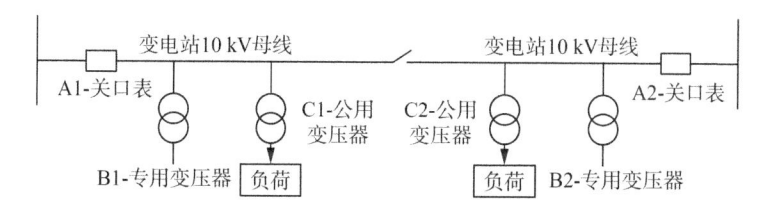

图 3-14　10 kV 环网线路示意图

a. 大面积线路负荷转接、环网方式变更频繁及长时间永久性变更情况。

关联线路 1 和关联线路 2 的总线损率＝[(A1 正向＋A2 正向－∑终端用户侧电量)/(A1 正向＋A2 正向)]×100%

关联线路 1 和关联线路 2 的 10 kV 线损率＝[(A1 正向＋A2 正向－∑配变总表电量)/(A1 正向＋A2 正向)]×100%

注:如果环网联络开关处没有安装双向计量仪表,可以采用这种方法将相

关联的线路1和线路2的线损率合并进行计算。对于已经安装了双向计量仪表的环网联络开关处,则可以按照常规方法分别进行计算,以下同。

b. 环网方式变更造成用户短时转移至其他线路供电的情况,如关联线路2负荷转移至关联线路1供电。

转电台区终端用户侧调整电量=[(转电结束时间－转电开始时间)/当月总运行时间]×$\sum$转电台区终端用户侧电量之和

转电台区总表调整电量=[(转电结束时间－转电开始时间)/当月总运行时间]×$\sum$转电台区总表电量

关联线路1终端用户侧调整后电量=关联线路1终端用户侧调整前电量+转电台区终端用户侧调整电量

关联线路2终端用户侧调整后电量=关联线路2终端用户侧调整前电量-转电台区终端用户侧调整电量

关联线路1总线损率=[(A1正向－关联线路1终端用户侧调整后电量)/A1正向]×100%

关联线路2总线损率=[(A2正向－关联线路2终端用户侧调整后电量)/A2正向]×100%

关联线路1(10 kV)线损率=[(A1正向－关联线路1台区总表电量－转电台区总表调整电量)/A1正向]×100%

关联线路2(10 kV)线损率=[(A2正向－关联线路2台区总供电量+转电台区总表调整电量)/A2正向]×100%

3.3.4 分台区统计线损计算

线损的区域化管理策略涉及对每个配电变压器所服务的区域进行电能损耗的统计与分析,这是一种全面的管理方法。以0.4 kV区域为划分标准,清楚了解每个0.4 kV区域的损失情况,以减少用户的不必要能耗。0.4 kV区域的用户数量众多,占据了整体损耗的较大比例,因此是节能降耗的关键区域。

1. 台区单变压器示意图见图3-15。

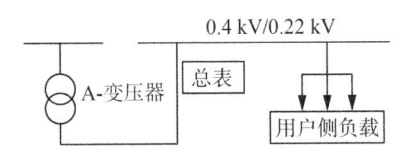

图3-15 台区单变压器示意图

低压台区线损率＝[（A 正向－$\sum$ 用户侧电量）/A 正向]×100％

2. 台区两台变压器低压环网示意图见图 3-16。

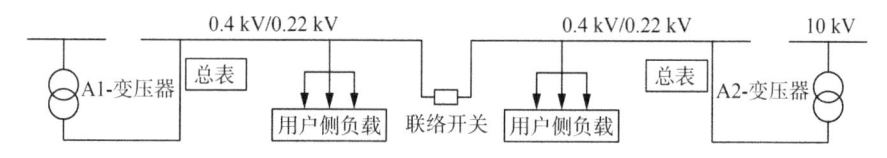

图 3-16 台区两台变压器低压环网示意图

A1 台区和 A2 台区的总线损率＝[（A1 正向＋A2 正向－$\sum$ A1 用户侧电量－$\sum$ A2 用户侧电量）/（A1 正向＋A2 正向）]×100％

3.4 同期线损管理系统

2016 年，国家电网在其经营区域内全面推广了同期线损系统。经过长期发展，该系统已经实现了从省级公司到市公司、县公司以及供电所各级机构的全面覆盖，完成了对各级变电站、输电线路、配电线路和配电变压器的电能监控和线路损耗监测。通过构建清晰的拓扑结构图，即"站—线—变—箱—表—户"，确立了覆盖所有电压等级的监控系统。这样形成了从发电到用户用电全过程的电量数据链，进一步促进了营销、配电和调度数据的互联互通。

3.4.1 系统建设背景及意义

1. 建设背景

线路损失是衡量电网损耗程度和技术经济性的重要标志。电网的运营管理水平和经济运行效率与企业运营管理密切相关。线路损失反映了电网设备、生产运行和管理水平等因素的综合状况，是一个关键的经济技术评估指标。在产业结构和环境治理压力的双重影响下，公司售电增速逐渐回落。因此，须进一步提高线路损失控制水平，建立一体化电量与线路损失管理系统，实现源数据采集、自动生成损失指标，并实时监控关键节点信息，制定降损措施，提升经济运行水平。同时，加强电量和电费管理，确保公司经营效益，规避审计和经营风险。该系统的总体目标是开发一套高效管理系统，强化基础管理、支持专业分析、满足高级应用需求，实现智能决策，促进电网建设发展。

具体目标是：

（1）实现电力生产全程监控，确保电量数据的准确性。充分利用智能电表和信息系统集成,进行数据采集、自动生成和传输,以监测经营管理中存在的薄弱环节和电网问题。建立一个全面的电量计算模型,该模型应包含电力生产、传输、变压、分配以及消费等所有相关阶段,全面监测能量流转,为精益化管理和交易结算提供支持。

(2) 实施精益化管理,准确归纳线损指标。采用自动化、多样化、模块化的数据模型来执行同期线损率的计算工作,将线损分析结果详细划分至各个区域、不同的电压等级、各类设备和各个台区。这样做可以迅速识别出损耗较高的环节,从而加强线损的管理。特别要重视理论线损、统计线损与同期线损之间的对比分析,这有助于诊断线损相关的问题,并推动成本降低和效率提升的措施。

(3) 促进信息数据规范化,推动专业信息共享和融合。通过同期线损系统的整合,规范化电力生产全程数据信息,建立统一的"厂—站—线—变—户"维护模式,实现公司各个部门共享数据和信息,促进业务整合和数据共享,助力公司信息系统建设和数据管理。

(4) 加强专业协同,助力智能电网建设。充分利用线损率作为核心指标,强化运检、营销、调度部门之间的合作,建立畅通、高度整合的电力、信息和业务流程,推动业务协同,提升配电自动化和供电可靠性,促进智能电网与现代配电网发展。实现电力经营管理全过程能量损失监测,为能量流、价值流、信息流有机贯通提供支撑,为公司经营成本管控提供数据化决策依据。

2. 建设意义

(1) 分区线损

开展分区同期线损管理后,各单位同期线损率相对平稳,月度波幅明显减小,同期线损率更加真实、准确、可靠,与电力网络的结构特性和负载变动趋势相匹配。

① 业绩考核更加科学,分区同期线损率客观反映电网发展和经营管理水平,在指导电网优化与改造、节能调度等方面针对性更强,同时为有效核定各电网企业成本空间,制定利润、电量等核心业务绩效考核指标等方面提供更为客观的基础支撑。

② 基层管理更加有力

同期线损管理全面推广实施,市县公司均实现同期统计分析,解决长期以来基层单位负损、异常高损等问题,为真实掌握基层经营情况,标准化、差异化制定不同类型基层单位经营目标提供更加准确的数据参考。

(2) 分压线损

分压同期线损管理解决不同期造成高损、负损问题,线损率指标更加客观真实。

① 分压线损管理标准进一步明确

高电压等级分压线损波动得到有效控制,500 kV 及以上分压线损不高于 2%,110 kV 分压不高于 3%,110 kV 分压不高于 4%,35 kV 分压线损不高于 5%,分压管理标准更加明确,有助于各单位针对性开展降损改造。

② 基于分压线损指标的电价核算更加科学

在分压线损模型中,明确了供电单位、供电电压、受电单位、受电电压等属性,在分压统计中能够提供明细数据,区分各个电压层级互相转入、转出电量,为电网规划、运行方式优化、分电压核算电价提供数据支撑。

(3) 分元件线损

对电站、变压器、总线以及输电线路等电网的各个组成部分进行损耗分析,能够为大规模维修、技术改造计划的制定、运营成本的估算以及资产折旧的计算提供更加精确的数据支持。

① 快速开展异常消缺

通过母线不平衡、站损、变损监测,协同运检、营销、调控、计量和通信等专业人员实时监测各设备运行工况,对于档案、运维类故障,以"异常工单"为切入点,形成缺陷闭环处理流程;对于因前期设计、电流互感器(CT)/电压互感器(PT)等设备缺陷类故障,将其列入大修技改项目储备,按轻重缓急立项解决。

② 科学制定技术降损措施

对于重载的高损线路、变压器,结合发展规划,可选择更换大容量变压器、大截面导线、负荷切改等方式进行降损;对于老旧的高损设备,一般采用更换节能型设备进行降损;面对长距离输送电力导致的损耗较大的线路,可以考虑使用多条并行线路,并在线路中间进行分段处理,或在中间增设变电站或开关站,或者改变线路迂回供电等方式解决高损问题。

对于无功问题造成的高损,通过合理配置无功补偿设备,提高功率因数,改善电压质量来降低损耗;对于系统性或运行性的高损问题,则通过合理调整电网运行电压,选择环网运行方式等进行电网规划设计或经济运行予以解决。以线路降损为例,以"问题"为导向,全面梳理归类"大马拉小车"、计量装置故障、高低压用户采集失败、档案错误、偷漏电等线损异常情况,通过更换经济型变压器、负荷切改、无功优化等方式实现技术线损最优,并汇集成配网线损异常治理经验库,指导降损项目安排。

(4) 分台区线损

台区线损同期计算进一步推动供电所末端专业信息交互,能够为融合、打造全能型供电所提供更有效支撑。

① 实现末端融合

通过对台区同期线损率指标进行监测分析,方便基层供电所开展采集故障消除、营配关系核查和反窃电业务,通过末端融合提升配电网现代化管理水平。

② 开展低压线损治理

利用台区同期线损率的综合指标,可以深入分析三相不平衡、配电变压器负载不均、无功补偿等问题,为后续的业务扩展工程、配电网改造和无功功率优化提供坚实的数据支持。

3.4.2 同期线损系统功能

系统功能分成四类,分别为基础管理、专业管理、高级应用、智能决策(图 3-17)[38][40],具体功能如下:

基础管理:实现数据集成、档案管理、拓扑管理、模型管理功能;

专业管理:实现关口管理、计算与统计、指标管理以及线损三率管理功能;

高级应用:实现智能监测、异常管理、全景展示与发布以及专业协同功能;

智能决策:实现异常工单生成、异常工单派工、异常工单处理、异常工单统计等功能。

1. 档案管理

通过系统集成,接入省公司、地市公司、区县公司管辖的变电站及站内设备、线路、台区、专变用户、低压用户的基础档案信息,用户可对基础档案的明细数据进行查询、对异常档案进行统计与查看,提供不匹配档案勾对梳理功能,形成电量与线损计算的基础档案数据。

档案管理模块解析调度主网结构数据,集成 PMS、营销和营配贯通数据,形成电网设备档案和拓扑档案,主要功能包括档案查询、供电侧档案勾对、档案统计等功能(图 3-18)。

在档案管理中,用户可对电源档案、变电站、线路、台区、专变用户、低压用户的基础档案信息明细数据进行查询、统计与档案勾对管理。具体功能包括:

(1) 设备档案管理:对整个电网的变电站、输电线路和配电线路的数量进行汇总和检索,同时计算高压用户的总数及其数据采集的覆盖范围,统计台区的总数及其数据采集的覆盖范围,以及低压用户的总数和数据采集的覆盖范围等。此外,系统还能够根据地市级公司和区县级公司的层级进行分别统计和检

三、同期线损

	一体化电量与线损管理系统功能架构图	
智能决策	异常信息管理	异常工单派工
	异常工单处理	异常工单统计
高级应用	电能质量监测分析　运行监测分析	线损综合查询
	线损监测分析　异常监测分析	线损三率对比
	全景展示	
专业管理	理论线损管理　同期线损管理	统计线损管理
	线损报表管理　指标配置	指标统计
	关口管理　拓扑管理	电量计算与统计
基础管理	档案管理	日志管理
	数据集成	系统配置

图 3-17 系统功能

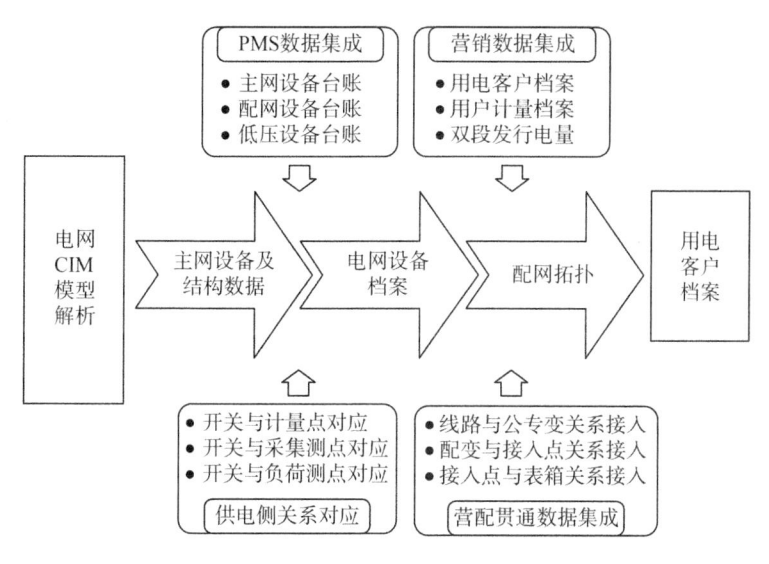

图 3-18 档案管理模块

索,从而获得变电站、线路、高压用户和台区数量的详细信息。

（2）线路台区档案统计：对整个电网的线路总数、已设立线路监测点的数量、线路服务范围内的高压用户总数、已经实现数据采集的高压用户数量、线路所涵盖的台区总数以及已经完成数据采集的台区数量进行汇总统计。还可以根据地市级公司和区县级公司的划分，进行分层统计，以便查询线路、高压用户等相关详细信息。

（3）变电站档案管理：汇总整个电网的变电站数量、变电站内主变压器、母线、配电线路、输电线路、开关的总数、已校对的开关数量，以及与运检系统的一致性信息，并可按照市级供电公司、县级供电公司进行查询。检查变电站、主变压器、母线、输电线路、配电线路、其他设备、开关等的详细信息，确保开关与计量点、数据采集点、负荷监测点的匹配关系，并明确标识站内用电情况和无损耗线路。

（4）线路档案管理：汇总线路服务范围内的高压用户总数、已实现数据采集的高压用户数量、台区的总数、已覆盖采集的台区数量、低压用户的总数以及已采集覆盖的低压用户数量，并可根据市级供电公司、县级供电公司进行查询。同时，提供高压用户、台区、低压用户的详细信息以供查看，并能够对专线进行标识。

（5）台区档案管理：统计台区信息以及台区内低压用户的信息，并按市供电公司、县供电公司进行查询，查看低压用户的详细信息。

（6）高压用户档案管理：实现对高压用户信息按照市供电公司、县供电公司进行统计查询。

（7）低压用户档案管理：实现对低压用户信息按照市供电公司、县供电公司进行统计查询。

2. 全景展示

全景展示以线损地图展示线损率、同比、环比等信息，实现"逐层穿透"，可灵活切换到网架示意图；并根据县—市—省—总部多级报送管理需要，配置报表流程，实现线损结果的逐级上报、审批、流转与汇总。

在全景模式下，用户能够查看和展示主电网/配电网的档案资料、线损指标、电量指标、数据采集状况、负荷情况、主电网/配电网的结构拓扑以及电力潮流情况，具体功能包括：

（1）组件搜索功能：用户可以对各单元的组件（例如变电站、线路、台区、用户）执行模糊搜索。只需输入组件名称，系统将进行模糊匹配，并展示匹配的组件信息列表。用户可通过点击列表中的组件名称，在地图上直接定位到相应位置。

（2）关键指标与组件详情页面：随着地图视图的变更，关键指标也会相应更新。用户点击关键指标名称，可在地图上定位到相应组件；通过点击数字，用户能够访问特定组件的详细资料,例如变电站(包括单位、电压等级、名称、线损率)、线路(包括单位、电压等级、关联变电站、线损率)、台区(包括单位、电压等级、所属线路、线损率)、用户(包括单位、电压等级、所属线路、线损率)。在详情页面中,信息会根据单位、电压等级和线损率进行分类排序。

(3)变电站详细信息页面:展示选定变电站的详尽信息,涵盖基本信息、主变压器、母线、连接线路、站内用电及开关等详细数据。

(4)变电站一次接线图页面:提供特定变电站的一次接线图,用户可以点击主变压器、连接线路、母线等,以查看这些组件的具体信息。

(5)线路详细信息页面:展示选定线路的详尽信息,包括档案、线损情况、线损率比较,展示线路档案、供电与售电电量、线损率和异常信息,以及同期、统计和理论线损率的对比分析。

(6)台区详细信息页面:展示选定台区的详尽信息,包括档案、运行数据、线损率分析,描述台区档案、供电与售电电量、线损率和异常情况,以及同期、统计和理论线损率的分析。

(7)用户详细信息页面:查看特定用户的详细信息,包括档案和运行数据,描述基础档案、计量档案、电量分析、运行异常情况,以及功率曲线、电流平衡、电压和功率因数情况。

(8)潮流展示:展示主网和配网的拓扑结构以及潮流情况。

3. 关口管理

关口管理包含了关口配置、区域关口确认、区域关口清单审核、分压关口清单审核、元件关口模型配置、台区关口管理、关口一览表等多项功能(图3-19),这些功能主要是针对已整理好的电源档案,根据线损计算模型,手动或自动地生成四分线损关口模型,关口是指发电企业、电网经营企业及用电企业之间进行电能结算的计量点;这一部分功能主要是配置及审核区域分压关口以及管理分元件、分线路、分台区关口中相应属性,同时可以查看相应月份电量数据以及进行相应关口的电量追补、档案勾稽等操作。

审核区域关口清单 → 审查分压监测点清单 → 关口一览表 → 分元件模型 → 分台区模型

图3-19 关口管理

关口管理包括关口配置、确认、审核、发布和关口一览表。实现分区域和分压关口多重属性配置,当关口计量有差错时,可以对供电计量点进行电量追补。

在关口管理中,用户能够对区域监测点、电压等级分界点、分部件模型进行配置,并进行监测点模型的信息更新和维护,具体功能包括:

(1) 审核区域关口清单:允许用户配置和更新区域关口、分压关口、分元件模型的信息和设置。

(2) 审查分压监测点清单:核实系统自动生成的分压监测点的统计数据以及新增设监测点的详尽资料。设定分元件监测点模型:对变电站的开关进行分元件监测点的模型设定,这包括变电站、主变压器、母线及输电线路等各类模型的配置。

(3) 关口一览表:实现对区域、分压、元件等关口模型和电量的一览查询、统计展示、档案勾稽和电量追补功能。

(4) 分元件模型:展示通过档案生成的(主变模型、输电模型、母线模型)信息。

(5) 分台区模型:自动分析档案关系中"一台多变"的数据,对现有台区打包功能进行改进。

4. 电量计算与统计

电量计算与统计模块主要包括四个功能:监测点详细记录、高压用户用电计量点明细、供电计量点明细、低压用户用电计量点信息。这些功能主要用于处理相关监测点的关系、计量点的日电量和月电量的统计与详细展示。利用这些功能,用户可以查询特定计量点的电量数据,并可对供电计量点的电量进行追补。

电量计算包括供电量、关口电量、四分线损计算、异常统计,省公司可以远程下达月度和日电量与线损计算任务,计算服务器采用轮询方式进行自动计算(图 3-20)。

在电量的计算与统计过程中,系统依据监测点档案以及从电能量采集系统、营销系统、用电信息系统中获取的数据来计算监测点的电量,并进行"四分"电量的汇总统计。用户能够执行电量查询和补充操作。具体功能包括:

(1) 高低压用户发行电量查询:用户能够按照用户编号、用户名称、月份查询不同用户在指定时间内的发行电量。用户点击用户名称跳转到用户发行电量详细页面,页面展示该用户在一定时间段之内每个月的发行电量。

(2) 关口电量明细查询:用户可以根据关口类型、关口性质、关口编号、关口名称、供电单位、供电电压等级、受电单位、受电电压等级、变电站名称、电量类型、日期、结算类型等信息查询关口电量的详细信息。

(3) 高压用户计量点同期电量查看:用户可以根据单位名称、计量点名称、

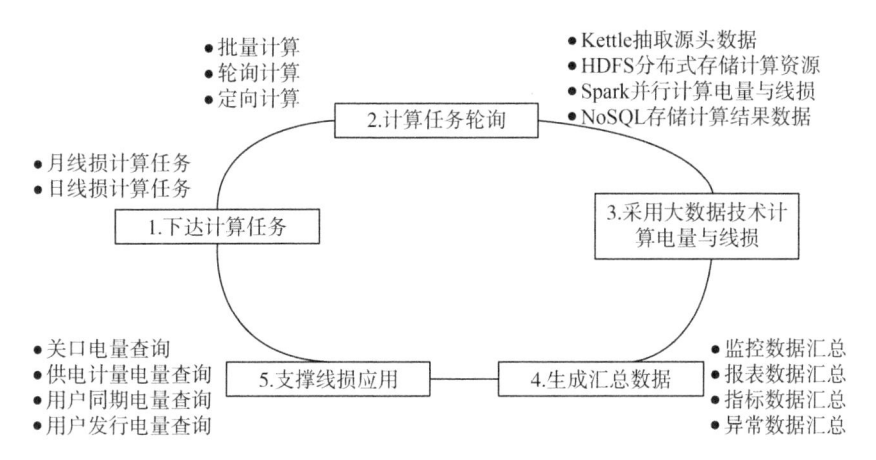

```
•批量计算
•轮询计算
•定向计算
                2.计算任务轮询              •Kettle抽取源头数据
                                          •HDFS分布式存储计算资源
                                          •Spark并行计算电量与线损
                                          •NoSQL存储计算结果数据
•月线损计算任务
•日线损计算任务
                1.下达计算任务              3.采用大数据技术计
                                            算电量与线损

•关口电量查询
•供电计量电量查询     5.支撑线损应用    4.生成汇总数据    •监控数据汇总
•用户同期电量查询                                      •报表数据汇总
•用户发行电量查询                                      •指标数据汇总
                                                      •异常数据汇总
```

图 3-20　电量计算

计量点编号、用户编号、用户名称、线路名称、日期等条件查询用户月电量信息。选择查询记录之后，页面显示该用户使用电能表的详细信息，包括表号、倍率、出厂编号、资产编号、日期、上表底、下表底等信息。

(4) 供电计量点明细：用户可以根据单位名称、计量点编号、变电站编号、结算类型、开关编号、计量点名称、变电站名称、电压等级、电量类型、日期等信息查询计量点的详细信息，包括计量点的总电量（正向有功、反向有功）、追补变量（正向有功、反向有功）、上表底（正向有功、反向有功）、下表底（正向有功、反向有功）等信息。用户点击查询计量点供电明细记录的追补按钮，打开电量追补页面，用户需要选择追补类型及电量追补值，完成电量追补。

(5) 低压用户计量点同期电量查询：用户可以根据单位名称、计量点名称、计量点编号、用户编号、用户名称、线路名称、日期等条件查询用户月电量信息。选择查询记录之后，页面显示该用户使用电能表的详细信息，包括表号、倍率、出厂编号、资产编号、日期、上表底、下表底等信息。

(6) 分布式电源电量明细：用户可以根据所属单位、出厂编号、资产编号、用户编号、用户名称、计量点编号、计量点名称、电压等级、计算类型、电量类型、日期等信息查询计量点电量的详细信息，包括加减关系（正向有功、反向有功）、总电量（正向有功、反向有功）、上表底（正向有功、反向有功）、下表底（正向有功、反向有功）等信息。

5. 统计线损管理

线损统计管理涵盖了按区域划分的线损查询、按电压等级划分的线损查询、按线路划分的线损查询、按台区划分的线损查询，以及区域线损计算的配置功能;线损的关口配置完成之后,系统按时、按配置信息进行相应线损计算;统计线损是按管理层面提取一号对一号供电量,售电量提取营销系统的上月发行电量进行汇总计算的线损;本管理功能主要侧重于对四分统计线损的展示及明细数据分析。

统计线损和现有线损管理体制保持一致,供电量数据接入源头实现自动生成,售电量数据来源于营销月度发行电量,系统试运行后,系统中统计线损率指标与大规划系统中线损报表数据保持一致。

在统计线损管理中,用户能够依据电能量的计算与统计数据以及线损统计的计算公式,实现对不同区域和电压等级的线损统计计算和查询,具体功能包括:

(1) 分区统计线损计算:根据区域关口电量计算分区供电量;根据下级各单位营销月度发行电量进行汇总网省区域月统计售电量;根据计算公式进行分区统计线损计算。计算时对数据质量进行判定,例如拓扑关系、电量数据等,如果未达到计算要求,则提示无法计算。同时,提供按照历史网架计算线损的功能。

(2) 分区统计线损查询:用户可查看各本级及下级单位的区域统计线损穿透数据,以及区域关口表计明细,并可结合计算明细追溯电量详情,系统将自动生成所需的报表和报告,并按照层级进行汇总和上报。

(3) 分压统计线损计算:计算分压供入电量;分压供出电量;根据计算公式进行分压统计线损计算;计算时对数据质量进行判断,例如拓扑关系、电量数据等,如果未达到计算要求,则提示无法计算。同时,提供按照历史网架计算线损的功能。

(4) 分压统计线损查询:用户可查看各本级及下级单位的分压统计线损穿透数据,以及分压关口表计明细,并可结合计算明细追溯电量详情,自动生成所需要的报表及报告并进行逐级统计报送。

(5) 线路统计线损查询:用户可查看下级单位的线路统计线损穿透数据,以及线路关口表计明细,并可结合计算明细追溯电量详情。

(6) 台区统计线损查询:用户可查看下级单位的台区统计线损穿透数据,以及台区关口表计明细,并可结合计算明细追溯电量详情。

6. 同期线损管理

同期线损管理涵盖了区域月度同期线损、区域月度网损、电压等级月度同期线损、元件月度同期线损、线路月度同期线损、台区月度同期线损以及相关的日度同期线损等多种功能。同期线损是基于供电和售电时间同步的前提下,依据日度线损监测点来计算得出的日度线损数据;这项功能用于展示特定日或月的电量,并进行线损分析。同期线损的优势在于避免了统计线损时供电和售电时间不一致而导致的问题,有助于通过对比分析来识别线损相关的问题。

同期线损管理功能允许按照区域、电压等级、元件、线路和台区等不同层级进行细化,采用"以月度考核为主、日度监控为补充"的方法,支持线损的准确核算和高损耗(或负损耗)问题的治理,有助于系统地推动同期四分线损的管理进程。

在同期线损管理中,用户可基于电量计算与统计结果和同期线损计算公式对分区、分压、分元件进行同期线损计算和查询操作。主要功能包括:

(1) 区域同期线损计算功能:用户可根据区域关口的计量点信息、采集表底数、电量补录和换表记录进行电量计算,获取每个关口的电量,并按照分区计算公式进行同期线损计算,包括日、月数据。系统会对计算数据质量进行评估,例如拓扑关系和电量数据,若数据不符合计算标准则会提示无法计算。同时支持基于历史网架进行线损计算。

(2) 区域同期线损查询功能:用户可查看区域同期线损数据及关口表计明细,还可深入查看分压日、月售电量,点击"售电量"可以查看专公变售电量的详细信息。

(3) 分压同期线损计算功能:用户能够依据电压等级分界点的计量信息、采集的表底读数、电量的补充记录以及电表更换记录来执行电量的计算,并根据电压等级的计算公式来完成日度和月度的同期线损计算。用户可以整合本单位及下属单位的同期线损数据,产出整个网络的电压等级同期线损汇总结果。系统会对输入数据的质量进行评估,如果数据不符合标准,则会发出无法进行计算的警告。同时,系统还提供支持。

(4) 分压同期线损查询功能:用户能够查阅电压等级同期线损及其相关的电量数据,涵盖了电压等级分界点电表的详细记录,还可以结合计算明细追溯电量详情,自动生成报表和报告并逐级统计报送。用户还可查看分压日、月售电量,点击"售电量"可查看公变售电量的详细信息。

(5) 分元件同期线损计算功能:用户依据元件分界点的计量数据、采集的电表底数、电量的补充录入以及电表更换的记录来执行电量的测算,并利用元件的计算公式来完成主变压器、母线、输电线路等的月度同期线损的计算。系统会对数据质量进行评估,若不符合要求,则提示无法计算。同时支持基于历史网架进行线损计算。

(6) 分元件同期线损查询:用户可查看主变、母线、输电线路同期线损穿透数据以及分元件关口表计明细,并可结合计算明细追溯电量详情。

(7) 线路同期线损计算:计算本单位下的所有配电线路的同期线损。计算时对数据质量进行判定,例如拓扑关系、电量数据等,如果未达到计算要求,则提示无法计算。同时,提供按照历史网架计算线损的功能。

(8) 线路同期线损查询:用户能够浏览区县级、供电所级的配电线路的同期线损穿透性数据以及线路监测点电表的详细记录,并可结合计算明细追溯电量详情。

(9) 台区同期线损计算:计算本单位下的所有各台区的同期线损。计算时对数据质量进行判定,例如拓扑关系、电量数据等,如果未达到计算要求,则提示无法计算。同时,提供按照历史网架计算线损的功能。

(10) 台区同期线损查询:用户能够访问地市级、区县级的台区同期线损的深入数据,同时查看各台区分界点电表的详细记录,并可结合计算明细追溯电量详情。

(11) 自定义区域线损:实现按自定义供电区域计算分压线损。

7. 理论线损管理

基于电网模型,结合实时采集的运行方式、负荷(电量)等运行数据,完成电网理论线损计算;提供科学的评价体系,结合线损计算导则,对电网所有元件的损耗值做出定量的分析,给出定性评价结论,以利于决策者做出技术降损措施。

在理论线损管理中,用户可以对 220 kV 及以上电网进行理论线损计算、分析展示、汇总、生成报告操作。主要功能包括:

(1) 代表日维护:实现对本单位主网、配网、低压网理论线损代表日、月的新增、编辑、删除操作。

(2) 主网理论线损计算:计算典型日、月配置;实现本省 220 kV 及以上主网理论线损计算、计算日志输出、计算结果明细及评价结果、汇总、图形展示、表格形式的结果导出。

(3) 主网查询:实现本单位及下级单位 35 kV 及以上主网理论线损计算结果(变电站、变压器、输电线路、输电线段、分段导线、其他设备)汇总查询及明细查询、全网总损耗、全网分电压损耗查询、表格形式的查询结果导出。

(4) 配网查询:实现下级单位 10/6/20 kV 配网理论线损计算结果(配电线路、配电线段、配电变压器)汇总查询及配电线路明细查询、表格形式的查询结果导出。

(5) 低压网查询:实现下级单位上报的 0.4 kV 低压网理论线损计算结果

汇总及明细查询、查询结果，导出 Excel。

（6）设备典型参数维护：根据设备型号、电压等级对电缆、架空线路、变压器等电网设备进行典型参数维护。

（7）设备典型参数设置：根据设备型号、电压等级从设备典型参数库中取相应设备的典型参数，对于匹配失败的设备，可根据设备类型、电压等级去配型相应设备的典型参数。

（8）电网失电分析：运行状态，对电网拓扑进行失电分析。

3.4.3　同期线损高级应用

1. 同期线损与数据集成

一体化电量与线损管理系统是一个高度集成的框架，它依赖于发电、购电、供电、售电全过程的电能数据集成。该系统通过多个关键业务应用系统的数据共享，实现了对电力流动的全面监控和管理。以下是构成这一系统的主要数据来源及其作用。

（1）SG186 营销系统：作为客户关系和营销活动的中心，提供用电客户的计量点档案、电源关系以及换表（互感器）的详细数据。这些信息是理解客户需求和用电模式的基础。

（2）电能量采集系统：负责收集电网的供电量数据，包括统调电厂、地调电厂和联络线的电能量采集数据。它提供的表底、负荷曲线、电压电流曲线以及功率因数曲线数据是分析电网性能和优化电力供应的关键。

（3）用电信息采集系统：为用电客户提供详细的电能量使用数据，包括日冻结表底、功率曲线、电压曲线、电流曲线和功率因数曲线。这些数据帮助监测和分析客户的用电行为。

（4）设备（资产）运维精益管理系统：提供设备档案和开闭站结构信息，确保设备维护和资产管理的效率和准确性。

（5）调度管理应用系统：通过变电站和厂站站内结构图，以及 CIM（通用信息模型）模型方式的数据共享，支持电网的实时调度和优化。

（6）GIS 平台：提供配网营配贯通数据，获取中低压电网的拓扑结构，并与设备运维管理系统实现数据共享，为电网的地理信息管理和空间分析提供支持。

通过这些系统的紧密集成，一体化电量与线损管理系统能够实现对电力系统全流程的精确监控，优化电力资源的分配，提高电网的运行效率，并降低线损。

2. 同期线损与业务协同

发挥线损率作为综合经营指标的管控作用,把传统线损管理提升为专业协同管理。

异常分析:专业协同以线损异常为"抓手",通过对线损结果异常、三率比对异常和线损计算失败分析追溯异常成因,分析源头数据质量。

数据协同:通过建立数据指标管控体系,对源头数据完整性、一致性、时效性进行跟踪监控,保障数据来源唯一、数据内容准确、数据同步及时。

业务协同:业务协同包括线损专业协同和支撑业务协同,线损专业协同依靠工作流驱动,支撑业务协同依靠工作联络单驱动。数据协同提高业务协同开展效率,业务协同循环改善达到目标协同。

目标协同:通过线损业务协同,为公司经营管理提供决策,有力支持智能电网建设和现代化配网建设。

3. 线损三率对比

理论线损计算分析:基于电网模型,结合实时采集的运行方式、负荷(电量)等运行数据,完成电网理论线损计算;提供科学的评价体系,结合线损导则,对电力系统中所有组成部分的损耗进行量化分析,并提供定性的评价(例如,过高、适中、过低等),这有助于决策者制定技术性降低损耗的策略;同时,能够对现有电网和规划中的电网进行理论线损的计算和分析。

统计线损计算:基于线损"四分"计算模型,结合供电量、营销发行售电量等电量数据,进行"四分"线损统计计算,并可结合计算明细追溯电量详情。

同期线损计算:结合供售同期的供电量、售电量等电量数据,进行"四分"供售同期线损计算,并实现计算明细的追溯,实现到用户、表计的层级穿透,对用户及表计的电量趋势、负荷趋势等信息进行展现分析。

线损三率比对:通过综合考虑三种比率并进行相互验证,可以揭示线损的更深层次问题。将同期线损与统计线损进行比较,能够迅速发现经营管理上的线损问题,如数据不一致、资源浪费等;而将同期线损与理论线损进行对比,则更侧重于分析具体元件的损耗情况,深入挖掘技术层面的线损问题,并为降低损耗提供决策支持。

四、线损分析与治理

4.1 线损统计分析

线损分析在管理线损中扮演着核心角色,它通过对比实际线损完成情况与多个基准指标,例如设定的线损目标、理论线损值、上个月的完成情况、去年同期的数据、国内领先水平的标准以及国家级的顶尖标准等,来识别线损增减的原因,并制定出减少线损的有效策略。

电力网络的线损统计与分析是识别问题的重要手段,它为采取合理有效的降损措施提供了科学依据。为了实现高效的线损统计分析,线损管理团队需要细致地搜集各类数据,包括但不限于负荷情况、电压水平、功率因数、设备状态、供电量、售电量以及电能计量的详细信息。确保计算方法明确,及时更新统计数据,保证数据的准确性是线损分析工作的根本[41]。

线损统计分析不仅涉及收集和处理线损管理的运行信息,也是在线监控和流程控制的一种手段,它是线损全面管理的关键组成部分[42][43]。通过准确、及时、科学的统计分析,可以识别线损管理中的问题,揭露潜在的问题点,为节能降损工作指明方向,使得节能降损措施更加有的放矢。此外,公正的统计分析有助于推动各部门落实线损管理责任,其结果也是执行线损指标考核的基石。

正确分析线损需要承认其不可避免性,电力设施必然耗费一定的电力,但同时也不能绝对认同其合理性与正常性。理论上,线损率有科学的数值标准,例如高压线路损耗率应低于1%,低压线路不应超过5%,特别是城市用户密集区更低。接近理论损耗率表明电力在转移过程中得到最大利用,供电企业技术和管理水平处于领先地位。线损分析的基本模式包括以下内容:

1. 主要对本月实际完成值和累计值进行分析。
2. 与计划值、同期值、理论线损值进行比较分析。
3. 进行节能降损效益分析。
4. 分析目前存在的问题及降损措施。

4.1.1 线损统计的要求

1. 统计责任

各级专职或兼职的线损管理人员是其管理职责范围内统计工作的负责人,他们需确保所提交报表的准确性和真实性。

2. 统计报表质量要求

(1) 报表的格式需要保持一致性,所有需要上交的报表都应采用上级机构制定的标准报表模板。供电公司可以根据自身需求对报表进行适当的细化或内容补充,但是基层单位在上报时不得使用自行设计的报表格式。

(2) 数据应当准确、真实,手工填写的报表应字迹工整且不得涂改。

(3) 使用法定计量单位。

(4) 报表中所要求的所有项目必须被完整填写,并且需要得到线损管理人员和部门主管的签字确认。

(5) 统计口径应保持一致,报表中使用的计算公式应一致。

(6) 按照规定的时间进行统计和上报,不得延误。

(7) 线损管理团队应安排专门的培训课程,以指导如何填写线损统计分析报表,并将这些报表的编制和管理纳入线损管理的考核体系中。

3. 保证线损统计报表数据的真实

线损统计报表的准确性对于进行有效的线损分析、管理与评估至关重要。然而,在实际操作过程中,由于多种因素的影响,有时会发现基层单位或个别人员擅自修改数据、进行虚假报告,这导致了电量数据的不准确和线损统计的失实。

4. 线损统计模式

线损统计通常采用"抄、管分离"的方式,确保线损数据的准确性。这种方式指线损责任单位或个人不参与电量统计,只负责参与售电量的统计。购入电量由上级管理部门或专门的抄表人员负责记录,而抄表人员只负责确保抄表准确性。

(1) 在进行台区低压线损的统计工作中,供电企业的抄表部门或抄表员承担着汇总台区总表电能以及所有低压用户的电能用量的任务。而那些负责管理台区线损的人员则不直接参与抄表活动。

(2) 对于10(6)kV线路的线损统计,系统运行部门或市场营销部门负责汇总各个变电站10(6)kV线路的关口表计数据。同时,供电所的抄表员或县级供电企业的抄表部门将统计这些线路上公共变压器和专用变压器的总表电能量。至于10(6)kV及以上专线的电能量统计工作,则由市场营销部门来执行。

(3) 在35 kV及以上电压等级的线损统计任务中,市场营销部门负责汇总各电压等级的购电关口表计数据。计量部门利用变电站的远程抄表系统来统计各变电站主变压器的中压侧和低压侧出口电能量(这也是35 kV及以上线损计算中的售电电量)。如果变电站没有安装远程抄表系统,系统运行部门将承担抄表职责。生产技术部门将对这一电压等级的线损进行统计和考核。

(4) 关于母线电能量不平衡率的统计,如果变电站已经部署了远程抄表系统,系统运行部门或计量部门将使用该系统进行抄表。生产计划部门将对系统运行部门或计量部门的工作进行考核。如果尚未建立远程抄表系统,计量部门和系统运行部门将合作完成抄表任务。

4.1.2 线损电量和线损率统计实例

为了清楚阐释电力网络中不同层级的线损发生及其电量和线损率的计算方法,通过一个标准的110~0.4 kV电压降下的电网进行简要的分析说明。图4-1展示了110 kV电压降电网的电量分布情况。

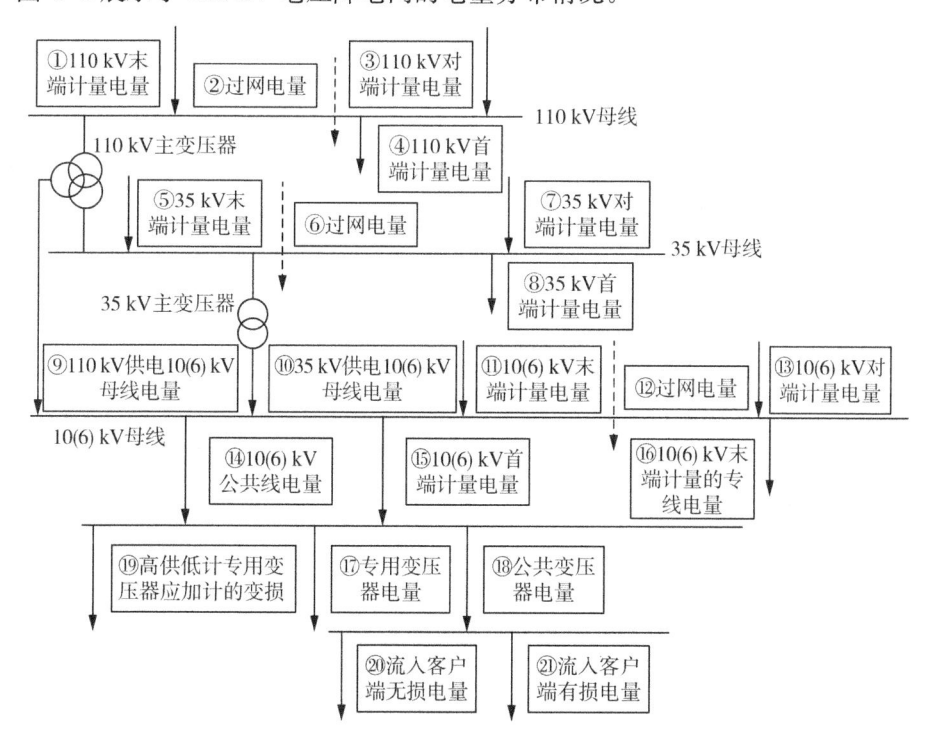

图4-1 110 kV降压型电网电量分布图

1. 35 kV 及以上电压等级电网线损

35 kV 及更高电压等级的电力网络线损主要由 35 kV、110 kV 的输电线路和主变压器的损耗构成。这些网络的供电量指的是进入 35 kV 及以上电网的电能,它由三个部分组成:

(1) 在 110 kV 和 35 kV 线路的末端进行计量的电能,这部分不包括输电线路的损耗,分别用数字①和⑤表示(例如,当并网点位于 110 kV 和 35 kV 母线上的电厂上网电能量)。

(2) 在 110 kV 和 35 kV 线路的起始端进行计量的电能,这部分在经过输电线路时会产生损耗,分别用数字③和⑦表示。

(3) 110 kV 和 35 kV 的过网电能,分别用数字②和⑥表示(输入与输出电量相等,不产生损耗的电能。电量⑫的定义与之类似)。

而 35 kV 及以上电网的售电量指的是从这些电网流出的电能,同样由三部分组成:

(1) 110 kV 和 35 kV 主变压器向 10(6)kV 母线供电的电能,分别用数字⑨和⑩表示。

(2) 在 110 kV 和 35 kV 起始端计量的电能,在多数情况下,这类电能是通过专线供电并在起始端进行计量的,或者在末端计量后加上线损,相当于在起始端计量,分别用数字④和⑧表示。

(3) 110 kV 和 35 kV 过网电量,分别定义为②和⑥。

35 kV 及以上电网线损率计算式为:

线损电量=供电量-售电量=(①+③+⑤+⑦+②+⑥)-(④+⑧+⑨+⑩+②+⑥)

线损率含过网电量=线损电量/(①+③+⑤+⑦+②+⑥)×100%

线损率不含过网电量=线损电量/(①+③+⑤+⑦)×100%

2. 10(6)kV 电压等级电网线损

10(6)kV 电压等级电网线损主要由 10(6)kV 配电线路和配电变压器产生的损耗组成。其供电量指流入 10(6)kV 电压等级电网的电量,由 4 部分组成:

(1) 110 kV 和 35 kV 主变压器供 10(6)kV 母线的电量,分别定义为⑨和⑩。

(2) 10(6)kV 专用线路末端计量电量定义为⑪(对县供电企业来说,有两种电量同此:地方电厂在县供电企业变电站 10(6)kV 母线上并网的上网电量,外部供电企业设在本供电营业区内变电站 10(6)kV 母线供出的并由本供电企业对用户抄表收费的电量。这两部分均属购无损电量)。

(3) 10(6)kV 线路对端计量电量定义为⑬,即购有损电量。

(4) 10(6)kV 电网过网电量定义为⑫,含义同电量②、⑥。

其售电量指流出 10(6)kV 电压等级电网的电量,由 6 部分组成:

(1) 10(6)kV 首端计量电量定义为⑮,即专线供出的本级电压无损电量。

(2) 10(6)kV 专用变压器电量定义为⑰,不论是高供高计还是高供低计,均定义为抄见电量。

(3) 10(6)kV 公用变压器电量定义为⑱,为低压总表抄见电量。

(4) 10(6)kV 电网过网电量定义为⑫。

(5) 末端计量的 10(6)kV 专线电量定义为⑯,这种情形在个别地方存在。

(6) 高供低计的专用变压器应加计的变损电量定义为⑲。

10(6)kV 电压等级电网线损率计算式为:

线损电量=供电量-售电量=(⑨+⑩+⑪+⑬+⑫)-(⑮+⑰+⑱+⑯+⑫+⑲)

线损率含过网电量=线损电量/(⑨+⑩+⑪+⑬+⑫)×100%

线损率不含过网电量=线损电量/(⑨+⑩+⑪+⑬)×100%

公用线路线损率计算:

在计算供、售电量时,不包括首端计费的专线电量。在计算售电量时,对高供低计的专用变压器应包括加收的铜、铁损电量:

公用线路线损电量=供电量-售电量=⑭-(⑰+⑱)

公用线路线损率=公用线路线损电量/⑭×100%

3. 0.4 kV 及以下电压等级电网线损

0.4 kV 及以下电压等级的电力网络线损包括从公共变压器的低压总表到各个低压用户的客户端电表之间的电能损失,这部分损失主要是由配电线路和电能表引起的。供电量等同于公共变压器低压侧的总表记录的电能量,定义为⑱。其售电量由两部分组成:

(1) 直接在台区低压侧出口处计量的低压无损电量,定义为⑳。

(2) 经低压配电线路流入到客户端表计量处的有损电量,定义为㉑。

0.4 kV 及以下电压等级电网线损率计算式为:

线损电量=供电量-售电量=⑱-(⑳+㉑)

线损率含无损电量=线损电量/⑱×100%

线损率不含无损电量=线损电量/(⑱-⑳)×100%

4. 全网综合线损率(110 kV 及以下)

在分析和计算电网各电压等级的线损电量和线损率之后,便能够轻松地计算出整个电网的线损电量和线损率。

供电量＝①＋③＋⑤＋⑦＋⑪＋⑬＋㉒＋㉖＋㉜

售电量＝④＋⑧＋⑮＋⑯＋⑰＋⑲＋⑳＋㉑＋㉒＋㉖＋㉜

线损电量＝供电量－售电量＝(①＋③＋⑤＋⑦＋⑪＋⑬＋㉒＋㉖＋㉜)－(④＋⑧＋⑮＋⑯＋⑰＋⑲＋⑳＋㉑＋㉒＋㉖＋㉜)

线损率含过网电量＝线损电量/(①＋③＋⑤＋⑦＋⑪＋⑬＋㉒＋㉖＋㉜)×100%

线损率不含过网电量＝线损电量/(①＋③＋⑤＋⑦＋⑪＋⑬)×100%

为了简化处理,前述的计算并未包含计量回路的损耗、母线上的损耗以及计量误差所引起的电量调整。至于其他的线损指标计算方法相对直观,在此不再进行详细说明。

4.1.3 线损分析的方法

1. 线损分析的误区

进行全面、深入、精确、明晰的线损分析,有助于识别线损变化的原因,确保线损分析的准确性对于降损措施的有效实施和目标定位至关重要,目前线损分析中常见的误区有以下几种:

(1) 线损分析是比较不同线损率的大小和差异。

(2) 当线损率没有明显变化时,可能不需要深入进行线损分析;而线损率下降时,则更不需要进行详细的线损分析。

(3) 如果线损率上升,可能意味着管理存在问题,需要仔细找出原因。

(4) 部分分析人员只愿意做定性分析,而没有尽可能地对诸多因素开展量化分析。

(5) 若当期实际线损率低于理论线损率,可能会出现无法解释的情况。

(6) 认为只要进行线损率的分析就足够了,不必再进行线损小指标的详细分析。

2. 线损分析中应注意的问题

在每个统计周期内,应对影响线损的所有相关因素进行全面分析,并对线损相关的各个小指标进行详尽的探究。线损率是众多因素相互作用的产物,有时即便这些因素的综合效果没有引起线损率的变动或者向好的方向改变,也必须通过分析来识别其中的负面因素,并实施有效的方法以减轻其不良影响。在执行线损分析工作时,不仅要比较不同线路和它们数据的差异,还要密切观察同一线路的线损率数值、负荷的分配和组成等因素,这些都是决定线损率高低的关键。通过对比不同线路的线损率,可更好地理解当前状况。更为关键的是,需要深入探究引起线损率变化的原因,例如电力负荷的波动、电压水平、无功功率的影响、负荷率、重要用户的用电量、季节性和气候条件的变化,以及市场推广策略和计量管理中的不稳定因素。只有通过深入细致的分析,并主动采取有效的应对措施,才能够有效降低这些因素的不利影响。

3. 线损分析"十二要"

(1) 在线损分析中,首先需要进行母线电量平衡的分析。

(2) 必须精确计算理论线损,从而确定每条线路的固定损耗和变动损耗,并对计算结果进行深入分析。

(3) 必须识别并核查偷电行为或校正计量错误、业务失误,以及补充(或退还)电量对线损所造成的影响。

(4) 必须评估系统运行模式变化或供电、售电统计范围调整对线损的影响。

(5) 需要考虑季节变化、气候条件等因素引起的电网负荷波动对线损的影响。

(6) 必须分析不同类型用户电量的变化,特别是用电量较大的用户,对线损的影响。

(7) 需要评估线路关口表和用户计费电能表的综合误差对线损的影响。

(8) 必须分析供电和售电抄表时间不一致对线损的影响。

(9) 必须考量抄表常规日期的调整,例如抄表时间的提前或延后,这可能导致售电量的下降或上升,从而对线损产生影响。

(10) 必须分析无损耗电量的变化对总体线损的影响。

(11) 需要分析自用电量的增减对线损率的影响。

(12) 必须对比理论线损与实际统计线损,对于不明损耗较高的环节,提出降低损耗的措施建议。

4. 线损分析常用方法

(1) 电力平衡的分析工作是通过对照电力输送端和接收端的电能量来实施的。这项分析主要用于监察变电站的电力传输与输出状态,以及确保母线电能的平衡状态。通过对总表与分表记录的电能量进行比较,可以监控电能计量设备的工作状况,保证其准确无误地运行。

(2) 实际线损与理论线损之间的比较分析旨在揭露管理上的疏漏。理论线损仅涵盖技术性损耗,而不考虑管理性损耗。如果实际线损率与理论线损率之间存在显著差异,这可能意味着管理上存在问题,如电力盗窃或计量不准确等。

（3）固定损耗与可变损耗之间的比例对比分析有助于识别潜在问题。如果固定损耗的比例过高，可能表明设备的平均负载率较低或存在众多能耗较高的变压器等问题。反之，如果可变损耗的比例较高，则可能是线路负荷过大，超出负荷运行能力，或存在其他相关问题。

（4）实际线损与历史同期的对比分析更有助于发现问题。由于电网负荷季节性变化明显，对比历史同期的线损率能更好地揭示问题。

（5）实际线损与平均线损水平的比较分析可以更全面地了解当期的线损管理水平。通过对连续一段时间的线损平均水平进行比较，可以减少因负载变化等因素造成的波动，更好地反映线损的状况，从而发现问题。

（6）对比分析实际线损与行业领先水平。深入剖析本单位线损的实际情况，并将其与省内乃至全国范围内的行业领先者进行比较，有助于识别在管理层面的不足以及线损管理过程中的潜在问题。

（7）实施定期且定量的统计分析方法。这意味着需要执行月度、季度及年度的分析工作；在定量分析方面，应细化至电压等级、线路、台区，并依据影响因素进行深入分析。目标是识别并量化主要影响线损的因素，确保分析的重点明确且具有强烈的针对性。

（8）平衡线损率指标与细分指标的分析。线损率的实际完成情况反映了线损管理的整体成效，而细分指标的分析则能够揭示管理过程中影响线损的具体环节。因此，在进行线损分析时，应同等重视线损率指标和细分指标的分析。

（9）将线损指标与其他业务指标联合分析。售电量、电费回收率、平均售电价格等指标与线损指标紧密相关。任何对这四个指标的人为调整都可能影响到其他指标的表现。因此，在分析线损时，应综合考虑这些指标之间的相互关系。

（10）特别关注线损率高、线路电量大以及线损率变化剧烈的环节。线损统计工作数据量庞大，涉及多个分析环节，若对每个环节都进行详尽分析，则既耗时又低效。基于技术装备的实际情况，线损管理者应识别出具有降损潜力的高线损率线路、对整体线损影响大的供电量大的线路，以及可能存在管理问题的线损率波动大的线路，这些应成为分析的重点。对于 10 kV 及以下电网，推荐使用分阶段综合分析方法，即通过逐步筛选，系统地进行，最终确定关键影响因素。具体步骤包括：首先，识别线损率较高的线路和台区；其次，在初步筛选的基础上，进一步筛选出用电量较大的台区和线路；最终，在前两步筛选结果的基础上，找出线损率有显著变化的台区和线路。简言之，该策略的核心是"在高线损区域寻找大用电量,在大用电量中识别线损率的显著波动",以便实现降低损耗和提高效率的主要目标。

4.1.4 理论线损计算结果分析

对电力系统线损的计算结果进行深入分析,旨在评估电网架构和运作模式的适宜性、电力供应管理的先进性,并识别在计量设备、设施性能、电力使用管理、运行策略、计算手段、数据记录和业务抄表等环节中可能存在的问题。通过这种分析,可以采取针对性的措施,有效控制线损率,确保其处于一个较为合理的区间。

确保理论线损计算结果的准确性、可信度和有效性,需要进行细致的客观分析,分析的要点包括但不限于以下几个方面:

(1) 线损的计算范围、责任分配、所采用的计算方法和程序是否与规定的标准一致。

(2) 所依赖的计算基础资料,包括设备的技术参数、实际负荷的测量数据以及数据输入的准确性和可靠性。

(3) 与前一时期的线损计算结果相比较,评估电网结构、用电模式、运行策略等方面的变化对线损所产生的影响。

(4) 将计算期间的统计线损率与理论值进行比较,判断二者是否具有可比性。

4.1.5 电网线损综合分析

电网线损的综合分析工作是为了深化线损分析的深度和广度,使其能够更全面地反映不同电压等级网络的结构特性、设备的技术状态、用电模式和管理水平。为此,供电企业除了遵循既定的统计方法和相关规定外,还应开展以下定量分析工作,以明确线损增减的原因:

(1) 对一次网损和地区线损中的输变电损失进行分析时,应按照电压等级和线路进行细分,配电线损的分析则应细化到线路和变压器或台区,与理论计算结果进行比较,这有助于理解线损电量的具体组成,发现电网中的脆弱部分,并明确降低线损的关键方向。

(2) 线损分析应当依据售电能量的具体构成,在剔除了无损耗用户专用线路、专用变电站以及转供电力和批发电能等要素后,进行统计分析,以得出更贴近实际情况的线损率。

(3) 需要探究供电量与售电量之间的不一致性对线损波动的影响。

（4）供电企业需要认真总结经验，评价降损措施的成效，并定期进行全面的综合分析，这包括至少每季度和每半年进行一次阶段性总结，每年进行一次年度总结，并将分析结果上报给上级相关部门。

4.1.6 线损率分析

1. 总体线损情况的综合评估

对本月的总体线损率进行统计，并与既定计划及去年同期的数据进行对比，探究其增减的具体因素。同时，对累计的总体线损率进行统计分析，对比计划值和去年同期的表现，明确累计线损率变化的原因。

2. 电网损耗率的深入分析

对本月不同电压等级的电网损耗率进行统计，对比计划和去年同期数据，分析造成电网损耗率上升或下降的具体原因。按输电线路或变电站进行详细分析，识别损耗率变化的根本原因。对累计的电网损耗率进行统计，对比计划和去年同期数据，深入分析其变化的原因。

3. 10 kV 有损线路损耗率的细致分析

对本月 10 kV 有损线路的损耗率进行统计，并与计划及去年同期数据对比，分析其变化的原因。特别关注那些损耗率超出标准值的线路，分析其超标的原因。对于实际线损率比理论线损率高出 3 个百分点及以上的线路，需找出损耗率高的原因，并制定相应的解决措施。

4. 低压台区损耗率的分析

在分析低压台区的损耗率时，应着重分析本月低压损耗率的完成情况，并与计划、去年同期以及理论损耗值进行比较，探讨损耗率上升或下降的原因。

简要回顾上月降损措施的执行情况，总结线损管理的关键任务和取得的成效，确保线损管理工作形成闭环。针对下月的工作重点，基于本月线损完成情况和存在问题的分析，有针对性地规划下月或近期的降损重点工作和措施，并确保这些措施得到有效执行。

4.1.7 线损构成分析

应定期分析线损的构成，查找薄弱环节并制定改进措施。线损构成分析应包括：

1. 对输电、变电线损进行分析（包括理论和统计）。
2. 对配电线路进行分区、分站、分线、分台区分析（包括理论和统计）。
3. 对地区电网的空载损耗和负载损耗进行分类分析，计算空载线损率和负载线损率等。

4.1.8 网损电量分析

在网损发生异常时,可以进行以下分析步骤:

1. 按电压等级进行分析,比较各电压等级线损率与前三个月的线损完成情况,找出线损异常的电压等级。

2. 找出线损异常的元件,计算变电站、输电线路、主变压器的损耗和线损率,并与前三个月的线损完成情况进行比较,找出线损异常的电网元件。

3. 进行具体分析,查明输电线路线损过高的原因,是参数变化还是负荷变化所致;检查变电站的线损是否异常,主变压器计量装置是否正常,是否存在电压互感器断相或三相全部断开的情况等。根据异常现象查阅运行记录,找出异常的起止时间,并追补电量。

4.1.9 实际线损率与理论线损率的对比分析

在多数情形中,实际线路损耗率应当与理论线路损耗率相近或略高。然而,若实际线路损耗率远超过理论估算值,则表明管理上的线损过高,这通常是由于偷电、漏电、计量误差和管理失误等原因造成的不明损耗过大。

管理线损过大的定量分析。图 4-2 所示,有一条高压配电线路,额定电压 $U_N=10\ \text{kV}$;供电功率因数 $\cos\varphi=0.81$,负荷曲线特征系数 $K=1$,线路总等值电阻 $R_{d\cdot\Sigma}=R_{d\cdot d}+R_{d\cdot b}=35\ \Omega$;线路末端配电变压器二次侧总表电路负荷不变,即 $P_2=90\ \text{kW}$;线路的固定损耗(即配电变压器的空载损耗)因不随负荷变化而变化,为分析方便起见不予考虑;ΔP_{bm} 为线路末端配变二次侧总表前因用户窃电、违约用电、线路漏电等因素造成的不明损失,且由零逐渐增加;ΔP_L 为线路的理论功率损失,随线路上传输负荷的增加而增大;P_1 为线路首端的供出功率,应与下面的负荷相平衡,显然此时也是呈增加趋势;I_{av} 为线路上传输的平均负荷电流,显然此时也是呈增大趋势;$L\%$ 为线路的理论线损率,$S\%$ 为线路的实际线损率。

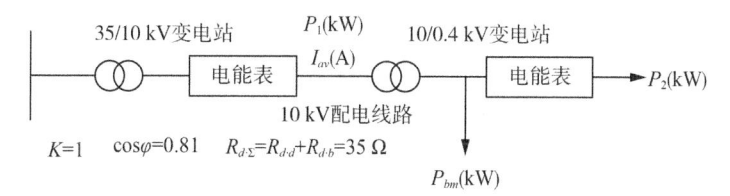

图 4-2 管理线损过大定量分析简图

上述诸量因满足下列互相有影响的各关系式

$$I_{av} = P_1/\sqrt{3}U_N\cos\varphi = P_1/14.03 \quad (4-1)$$

$$\Delta P_L = 3I_{av}^2 K^2 R_{d.\sum} \times 10^{-3} \quad (4-2)$$

$$P_1 = P_2 + \Delta P_L + \Delta P_{bm} \quad (4-3)$$

$$L = \Delta P_L/P_1 \times 100\% \quad (4-4)$$

$$S = (P_1 - P_2)/P_1 \times 100\% \quad (4-5)$$

根据上列关系式,当假定 ΔP_{bm} 为若干个数值后,即可得到所示的数量关系。

根据表 4-1 所展示的数据,可以观察到一个现象:尽管通过配电变压器二次侧的总表所记录的末端用电负荷量并未出现增长,但由于绕过该总表(即表前)的非法用电行为,如偷电和违规用电等,其负荷量却在持续上升。这种增加的非法负荷导致了线路起点的供电负荷、线路中流动的负荷电流以及线路上发生的功率损耗都随之增加,因此线路的实际线损率相较于理论线损率出现了更大幅度的上升,两者之间的差异逐渐扩大。

表 4-1　管理线损过大定量分析表

P_2(kW)	ΔP_{bm}(kW)	ΔP_L(kW)	P_1(kW)	I_{av}(A)	$L(\%)$	$S(\%)$
90	0	4.80	94.80	6.76	5.06	5.06
90	2	5.03	97.03	6.92	5.18	5.72
90	4	5.26	99.26	7.08	5.30	9.33
90	6	5.49	101.49	7.23	5.41	11.32
90	8	5.75	130.95	7.40	5.54	13.25
90	10	5.99	105.99	7.55	5.65	15.09

这说明,如果供电企业的电网线损率很高,远高于电网理论线损率,或它的上升幅度较大,而售电量增加很少或几乎没有增加,则这个企业的管理是不善的,电网中的"偷、漏、差、误"不良现象是较为严重的,经济效益是不会得到提高的。

4.1.10　固定损耗与可变损耗所占比重的对比分析

理想状态下,两者应大致相同。当实际线损率高于理论值时,这通常意味着线路和设备运行在较低的负荷水平(这种情况在农村电力线路中尤为常见,这类线路也被称作轻负荷线路）。这将导致实际和理论线损率都偏高，无法达到经济和效率的理想状态。为了改善这一状况，应考虑以下措施：

（1）增加线路上的用电负荷。在工业负荷较少或缺乏的地区，应优化农村低压电价结构，制定新的合理电价政策，以解决农民用电成本高和用电不便的问题，确保线路有充足的负荷需求。对于已有相当负荷的供电区域，可以实施分时分区的供电策略。

（2）替换高能耗变压器，并采用新型低损耗节能变压器，逐步降低高能耗变压器的使用比例，同时增加节能型变压器的使用，以利用其降低线损的优势。

（3）对于负载率低的大型变压器进行调整，以提高线路和变压器的综合负载效率，减少固定损耗（如变压器的空载损耗）在总损耗中的比例。

（4）减少电压转换的层级，因为每增加一次电压转换，电网将损失约 1%～2% 的有功功率和 8%～10% 的无功功率，电压转换层级越多，能量损耗越大。

（5）鉴于固定损耗与实际运行电压的平方成比例，为了降低线损，应考虑适度降低运行电压。例如，对于固定损耗占主导的 10 kV 线路，如果运行电压降低 5%，总体损耗（包括固定损耗和可变损耗）将减少约 3.58%。

4.1.11 可变损耗与固定损耗所占比重的对比分析

当线路和设备的运行中，可变损耗超过固定损耗时，这通常表明它们正在超负荷状态下工作（这种情况在工业线路或高峰用电时段尤为明显，这类线路也被称作重负荷线路）。这种状态同样会导致实际线损率高于理论线损率，无法实现经济效益的最优值。为了解决这一问题，可以采取以下措施：

（1）对迂回或瓶颈线路进行调整和改造，减少供电距离，增加导线的截面积，以满足技术经济标准。

（2）根据可变损耗与运行电压平方成反比的关系，为了降低线损，应考虑提升运行电压。例如，对于可变损耗占比 60% 的 10 kV 线路，若运行电压提升 5%，总损耗（包括可变损耗和固定损耗）将减少 1.48%。

（3）随着线路负荷的增加，适当扩大无功补偿容量，以减少线路上的无功功率输送和有功功率损失，提高线路的功率因数。

（4）根据线路负荷增长的需求，适时进行升压改造和运行，或将高压线路深入负荷中心，或采用多回路供电方式，以降低损耗。

（5）管理线路的日常负荷，减少高峰和低谷之间的差异，实现用电的均衡，提升线路负荷的使用效率。

（6）平衡线路的三相负荷，确保三相之间的负荷基本一致。

(7) 对于过载运行的变压器进行更换或调整,确保变压器的容量与实际负荷相匹配,并尽量在经济运行点下工作。

4.1.12 线路导线线损与变压器铜损的对比分析

线路上的电缆损耗与配电变压器的铜损耗(即变压器线圈中的损耗)相加,如果占据了10(6)kV配电线路总损耗的一半左右,这通常被视为经济上可接受的。这包括了当变压器的实际负载率到达或接近其经济负载率时,变压器的铜损耗及其所占比例被认为是合适的;在这种情况下,可变成本的其余部分则是线路导线上可接受的损耗。显然,线路导线损耗和变压器铜损耗的具体数值及其合理的比例并没有一个固定的标准,它们由电网的具体结构和运行参数所决定。以下是四种可能的情况:

(1) 当变压器的负载较低(即未达到其经济运行负载率),并且线路的负载也较小,两者的损耗总和如果低于整个线路总损耗的50%(这还没有包括变压器的铁损),这就意味着线路是在轻负载下运行。

(2) 如果变压器的负载过高(即超过了经济运行负载率),并且线路的负载也很大(即超过了经济运行电流),两者的损耗总和如果超过了整个线路总损耗的50%,这就意味着线路是在超负载下运行。

(3) 如果变压器的负载率低于经济运行值(即轻载),而线路的负载超过了经济运行电流,当两者的损耗总和超过了整个线路总损耗的50%,这就意味着该线路是在超负载下运行;在这种情况下,降低损耗的重点应该放在线路及其导线上。例如,可以通过更换导线以增大其截面积,减少供电距离,增加无功补偿,提高功率因数,适当提高运行电压,调整日负荷和三相负荷平衡,减少峰谷差异和不平衡等问题。

(4) 当变压器的负载率超过了经济运行值(即过载),但线路的负载没有超过经济运行电流,如果两者的损耗总和没有超过整个线路总损耗的50%(这种情况比较少见),则该线路仍然处于轻负载运行状态。在这种情况下,降低损耗的重点应该放在配电变压器上。例如,更换过载的变压器,确保变压器容量与用电负荷相匹配,并尽量在经济运行负载率下运行。

4.1.13 配电线路的网损分析

由于配电线路众多且影响范围广泛,配电系统内的线损变化往往是导致整体线损波动的主要原因。因此,增强对配电系统线损的分析工作,在识别问题源头、防止损耗漏洞、减少线损方面发挥着关键作用。

1. 线损分析方法

对高损线路的分析可以通过以下方法进行:

(1) 根据变电站出口供电量和实际线损率计算配电线路的损失电量。

(2) 对比实际线损率与理论线损率以及计划线损率,若实际线损率超出计划值,需要特别关注并进行深入分析。

(3) 根据变电站母线的电量不平衡状况,评估变电站输出供电量的电表是否运作正常。

(4) 审核并检查是否存在本线路同时为其他线路供电的情况。

(5) 评估由于抄表时间不一致导致的月份电量计算错误。

(6) 核查本线路在本月内是否有退补电量的情况,并计算这种退补电量对线损的影响程度。

(7) 计算各低压台区的低压线损率。

(8) 计算所有低压台区的合计损失电量和线损率。如果合计线损率较高,应重点分析损失电量较大或线损率较高的台区,查找是总表原因还是客户原因,根据存在问题采取措施;如果合计低压线损率不高,应从高压线损入手进行分析。

(9) 根据变电站出口供电量与配电变压器的总表计算 10 kV 线路高压综合线损率和损失电量。

(10) 如果 10 kV 配电线路综合线损率较高,首先应从专用变压器着手,计算专用变压器的用电量占总供电量的比例,以及专用变压器的用电量与前 2~3 个月相比电量变化情况;如果专用变压器电量变化较大,应查明电量变化大的专用变压器有哪些,特别是电量减小幅度较大的专用变压器,然后逐台进行分析,查找原因。

通过上述分析步骤,一旦发现共用台区或专用变压器出现异常情况,应立即安排人员开展用电情况的全面调查和线损问题的详细分析,针对发现的问题制定相应的降低损耗的策略。

2. 线损分析应用

由于近年来电网公司针对电力基础设施进行改造或者新建,并且推进了营配调贯通与数据采集的全覆盖工作,技术线损所占比例有所降低,而管理线损所占比例日益提升,例如由于窃电及违约用电导致的线损问题。因此,通过线损分析进一步解决管理线损的问题,成为支撑线路线损治理的重要手段。相关治理方案可采用如下模式:

1) 分析步骤

涉及数据来源主要包括线损相关管理系统、用电采集系统、营销系统，主要分析步骤包括如下：

第一步：基础数据

选择数据来源：电量采集系统、用电信息采集系统、营销业务系统数据等提供了坚实的数据支撑。

第二步：异常排查

通过审核电流、电压、功率因数的曲线图、线损异常、波形异常以及用户的用电异常信息等数据，同时通过识别数据的突变点和特征数据，来识别可能的窃电用户。

第三步：数据分析

在不同系统中对异常数据进行综合分析和对比，构建数据间的逻辑联系，以确定用户的实际用电状况。进而识别用户窃电的具体时段及窃电的数量。

第四步：现场勘察

开展大数据分析，明确窃电时间与窃电方式，并进行现场勘查，制定反窃电行动方案，精准查获窃电装置。

第五步：电量测定

精确测定电量损失，为反窃电及后期追补电费提供支撑材料。

2) 比对方法

涉及的比对方法包括同源同类数据比对、同源异类数据比对、异源数据比对等技术。

(1) 同源同类数据比对技术：

对相同来源、相同类型但在不同时间采集的数据进行比较，有助于发现线路或用户数据的变化模式，并识别出异常数据点。

① 用电负荷比对技术

用户每月的最大需求量是衡量其用电负荷的关键指标，并且是供电公司进行电费结算的主要参考。如果用户拥有较大的运行容量但最大需求量却偏低，这可能意味着用户的用电模式存在问题。为了避免引起用电管理部门的注意，一些非法用电者可能会在每月选择特定时间提高其需求量，以此来平衡其用电负荷和运行容量。

通过审视用电负荷的图表，如果发现某月中存在特定时段的负荷急剧上升，或者日负荷电流图表在短时间内显示出需求量的突增，这可能表明用户有不合理用电的行为。

② 日用电量比对技术

在正常情形下,用户的日用电能量应保持稳定。通过对比分析日用电能量,可以识别出用户电量发生突变的具体时刻。进一步通过分析突变时刻的电流曲线以及与线路线损的相关性,可以有效地识别出非法用电的用户。

③ 电流比对技术

对于大多数专用变压器用户,其用电负荷在三相之间是平衡的。然而,一些非法用电者可能会通过只使用一相或两相电进行分流或短接,这会导致电流曲线出现异常。

④ 有功功率比对技术

对于高压供电的用户,理论上总的有功功率等于 A 相、B 相和 C 相有功功率之和。有些用户可能通过反向接线的方式来非法用电,这会导致总的有功功率小于三相有功功率之和。通过分析实际总的有功功率的异常情况,可以判断用户的接线是否存在问题。

(2) 同源异类数据比对技术

对来自同一数据源、不同类别但在相同时间点的数据进行分析比较,以识别数据变化模式是否存在异常,从而辅助识别可能的非法用电者。

① 有功功率与电流比对技术

根据有功功率 $P=UI$,有功功率与电流正相关。如有功功率与电流关系异常,则可初步判断用户存在窃电行为。

② 电压与电流比对技术

对于大规模工业用户,如果其用电负荷发生剧烈变化,通常会因为计量回路中的电阻作用导致电压曲线出现相应的下降。如果观察到电压下降与用户的电流变化不匹配,这可能表明用户进行了短接或分流以进行非法用电。

③ 线损电量与用户电量比对技术

a. 间断型窃电比对技术

一些用户为了避免在用电检查人员的巡查期间被发现,经常选择在节假日进行非法用电,这种行为可能会导致供电线路的线损出现周期性的变化,并且用户的用电量也会呈现周期性的下降。通过分析线损波动的情况以及与用户电流的关联性,可以迅速识别出涉嫌非法用电的用户。

b. 连续型窃电比对技术

部分用户通过篡改电能表的计量元件进行非法用电,这种情况下,非法用电的比例是固定的。利用线路损耗电量与用户电量的计算方法,可以准确识别出非法用电的用户,并计算出非法用电的比例。具体的计算方法是:用户非法用电的比例等于线路损耗电量除以线路损耗电量加上用户电量之和。

（3）异源数据比对技术

线路上出现的异常数据可能源自用户端，若用户采取非法方式进行用电，这会引起电流、电压和功率等数值的异常变化，这些变化必然导致线路的监测数据与用户的实际用电数据之间出现不一致。通过对比不同来源但在相同类别和时间点的数据，可以揭示这种不一致性，可观察上下游数据变化的一致性问题，可有效揭示上下游数据之间的关联规律，排查异常数据。

3）专变/台区用户核查（按线路）

针对非正常线路，通过对线路所涉及的相关专变、公变进行检查，排查影响线路线损的重要因素。

（1）计量准确性校核：采用三相现场用电检查仪校验三相三线或三线四线表计误差是否准确，接线是否准确。保证计量准确性。

（2）CT准确性校核：采用高低压变比测试仪校验专变用户CT（高压/低压）是否准确。保证CT准确性。

（3）拓扑关系校核：梳理"站—线—变—台"拓扑台账关系，保证基本数据档案准确性。

（4）窃电现象排查：对现场无表用电、绕越用电、私自开封、破坏计量装置、私自增容、技术窃电等进行排查。

4.2 线损治理

4.2.1 管理降损

随着"两网"改造工程的深入实施，电网结构经历了显著的变革，逐步形成了更加科学合理的布局。这一转变不仅提升了电网的整体运行效率，也使得电网各元件的损耗趋近于经济与合理的理想状态。在这一背景下，线损的进一步降低不再单纯依赖于物理结构的优化，而是转向了更为关键的管理层面。

1. 线损管理的组织措施。

线损管理工作涉及多个部门，为了确保这些部门之间能够有效协调、相互支持并积极推进工作，根据《国家电网公司电力网电能损耗管理规定》，各分公司、电力集团公司、省级单位需建立完善的线损管理工作领导小组。该小组应由公司高层领导负责，小组成员包括相关部门的负责人，他们将共同承担日常的线损管理工作，确保各项任务的顺利进行。负责统一管理的部门需要建立专门的线损管理职位，并安排专业人员来承担具体的管理职责。

为了提高线损管理的组织效率,可以构建一个全面的线损管理网络体系。这个网络体系应包含所有与线损管理相关的专业部门。组织架构通常被划分为三个主要层级:战略决策层、管理层和操作执行层。决策层由企业线损管理的领导团队负责,一般由企业中负责生产事务的高级领导或首席技术专家来领导。管理层由负责综合评估、归口管理、专业管理和监督管理的部门组成,这些部门通过职能的合理分配,达到功能互补和相互平衡的状态;执行层由各个负责实施线损管理任务的具体部门组成。每个管理部门都承担着相应的责任和任务。

(1) 线损管理领导小组的管理职责:

① 执行国家和上级机构关于节能减排的法律、规章、指导原则、政策以及线损管理和规定。

② 探讨并制定本单位的节能降损中长期计划,核准年度节能降损方案及其执行措施,确保关键降损措施得以实施。

③ 定期举办企业线损管理讨论会,分析并解决节能降损实施过程中遇到的问题。

④ 核准企业线损管理规范,审查线损指标的分配和考核机制。

(2) 企业管理部(综合考核部门)线损管理职责:

① 审核生产技术、电力稽查等部门提出的线损考核、处理方案。

② 监管生产技术、市场推广、调度运行以及电力稽查等部门在履行线损管理职责方面的情况。

(3) 管理部门线损职责的归口工作:

① 承担企业线损管理的全面工作,遵循上级对线损管理的指导方针,制定和修订本单位的线损管理与考核规范,并保障这些规范得到切实实施。

② 负责制定企业年度线损指标及其分解方案,确立具体执行措施,确保各级责任单位能够实现线损管理领导小组设定的线损率目标。

③ 制订年度降低线损的措施计划,并在计划批准后负责实施。

④ 负责开展理论线损的计算和分析工作。

⑤ 负责线损的统计、分析、报告和考核工作,编写线损的专业分析报告。

⑥ 组织线损分析会议,深入探讨线损管理中的问题,并制定相应的降损策略。

⑦ 负责电压无功综合管理。

⑧ 推动降损节能的新技术、新设备的采用。

⑨ 组织线损管理专业技术的培训和经验交流活动。

(4) 监督管理部门线损管理职责：

① 定期对线损管理的各个环节执行监督和检查工作。

② 依据计量管理与线损分析所提供的数据，与用电和计量部门合作，进行深入的检查和稽查工作。

③ 与执法机构协作，打击违反用电规定和电力盗窃的行为。

(5) 市场营销线损管理职责：

① 起草并负责修订所辖区域内各专业领域的线损管理规章制度，并确保这些制度得到实际执行。

② 负责策划并执行针对 10 kV 及更低电压等级电网的减损措施方案。

③ 组织并确保实现线损管理领导小组设定的 10 kV 及以下电压等级的分区、分线路、分台区的线损目标。

④ 负责对供电所线损管理的监督和检查工作，并提供必要的指导。

⑤ 负责用电营销管理，包括开展用电普查和反窃电行动。

⑥ 负责中低压配电网的无功功率管理。

⑦ 负责中低压配电网的经济运行管理。

⑧ 定期开展中低压配电网的理论线损计算工作。

⑨ 负责对所管理区域的线损进行汇总、解析、汇报和评估，并撰写专业的线损分析报告。

(6) 专业技术部门职责：

① 负责对线损相关的次级指标进行统计、分析、报告及对相关部门的考核。

② 负责电能计量设备的安装、检查、保养、现场校准、定期校验(更换)和随机检查。

③ 负责处理电能计量设备的故障，以及解决本供电营业区内对电能计量设备有争议的校准和处理问题。

④ 负责集中管理各类电能计量的认证记录。

⑤ 配合电力稽查做好反窃电工作。

⑥ 对供电所和操作队(变电站运行班组)进行指导和监督，确保现场运行中的计量设备得到适当的维护和管理。

(7) 系统运行部门线损管理职责：

① 负责实现 35 kV 及更高电压等级电网的线损指标。

② 负责进行 35 kV 及更高电压等级电网的理论线损计算，并提出减少电网损耗的策略。

③ 负责电网的潮流分析,优化无功功率的调度和电压的调节工作。

④ 制订年度电网运行方案,提升电网的经济运行效率和管理异常运行模式。

⑤ 负责各变电站计量设备和计量回路的常规巡查、运行监管,以及变电站远程抄表系统的管理工作。

⑥ 准时准确地报告电量数据,定期进行母线电能量不平衡率的计算与分析。

⑦ 负责各变电站的站用电管理。

⑧ 负责所辖线损的内部考核,以及相关的统计、分析和报告工作。

(8) 计量部门线损管理职责:

① 负责公司计量全过程的监督管理。

② 组织编制年度计量工作计划。

③ 负责收集和分析与计量相关的线损次级指标。

④ 负责维护计量用互感器、各类计量设备的登记账目、运行记录,以及故障和误差处理的记录档案。

(9) 供电所线损管理职责:

① 负责所辖区域内 10 kV 线路的线损管理职责,细化并确定各个配电变压器台区的线损目标。

② 遵循上级关于线损管理的规定,制订并执行供电所的线损管理及考核的具体操作规程。

③ 负责所在区域的营销管理任务,致力于减少因管理不当造成的错误。定期开展用电情况的检查,执行周期性的业务普查,以预防和打击电力盗窃及违规用电行为。

④ 严格遵守抄表的规则和流程,细致组织抄表工作,避免出现估计抄录、抄录错误和遗漏抄录的情况。

⑤ 负责辖区无功电压管理,提高功率因数。

⑥ 负责本区域中低压配电网络的经济性运行。

⑦ 负责本区域电能计量的管理,强化对计量设备的巡查与检测。

⑧ 召集线损分析会议,识别存在的问题,规划降损策略并确保执行。

⑨ 负责本区域线损数据的统计、分析、报告及评估工作。

⑩ 负责临时用电管理。

(10) 班组线损管理职责:

① 承担本区域内 0.4 kV 线路的线损管理任务,确保达到上级指定的分台

区线损目标。

② 组织农村电工进行用电情况检查和业务普查,预防电力盗窃和违规用电行为。

③ 严格遵守抄表规范和流程,确保抄表的准确性,避免估计抄录、抄错和遗漏。

④ 负责本区域配电变压器及用户端的无功管理,致力于提升功率因数。

⑤ 定期对低压三相负荷进行测试,确保低压三相负荷的均衡分配。

⑥ 及时停止无负载状态下的配电变压器运行,并积极调整电力负荷,以提升负荷的使用效率。

⑦ 负责对本区域低压电能计量设备的巡查和检验工作。

⑧ 负责临时用电管理。

2. 线损管理办法:

(1) 线损管理工作采取闭环管理模式:一方面,线损管理领导小组向负责线损管理的部门以及负责考核和监督的部门指派线损管理目标和降损措施的计划。线损管理归口部门则根据下达的管理目标和措施计划制定分解方案,并根据各专业技术部门(如用电营销、计量、调度运行等部门)管理职责下达至各部门,最终实现线损管理目标;另一方面,各专业技术部门则根据各自线损管理实际情况,制订各自专业管理目标及降损措施计划,上报至线损管理归口部门。由线损管理归口部门组织编制企业年度线损指标及降损措施计划,报线损领导小组审批。在线损管理过程中,各级部门接受考核和监督部门全过程监督考核,确保线损管理目标完成。

(2) 线损管理实行分级管理:线损管理归口部门通过专业管理部门分别下达 10 kV 及以下和 35 kV 及以上电网线损管理目标及降损措施计划至各部门,各部门负责统计上报线损目标完成情况。

3. 降低管理线损的重点内容:

(1) 强化基础管理工作,完善各类基础资料的建立。通过定期开展线损情况调查,更深入地识别和理解线损管理过程中遇到的具体问题。

(2) 提升计量管理的严格性,确保计量结果的精确度,确保各级计量设备的完备性,实施定期的更换和校准工作,降低计量过程中的误差,避免因计量设备不精确而导致线损的不必要波动。

(3) 计量设备必须采取封存和上锁措施,实施防盗保护。

(4) 合理计量和改进抄表工作:

① 抄表日期应固定,同时致力于提升月底及当月最后一日的 24 时点抄表

电量的比重,若能实现供电量和售电量在相同时间点进行抄表,则被视为最优解决方案。

② 对于需要人工抄表的电表,抄表人员必须亲自到现场抄表,做到不漏抄、不错抄、不误乘倍率,计算准确,严禁估算、带抄。

③ 确保计量的公正性。对于采用高压供电而低压计量的客户,需要每月额外计入专用变压器的铜损和铁损,确保计量的公正性。

(5) 制定线损目标并严格进行考核。各组织需构建和优化线损管理与评估体系,周期性地制订并宣布总体线损、网络损耗,各条输配电线路、低压台区的线损率目标,并切实执行与评审,旨在增强线损管理人员的积极性。

(6) 开展理论线损与实际线损的"四分"统计计算。在条件允许的地区,应实现理论线损与"四分"统计线损的自动计算和对比分析,加强用户用电情况的分析,及时了解各供电环节的线损情况,发现并解决存在问题,排除隐患。

(7) 加强供电企业自身用电的管理,将变电站的站用电纳入考核范围。

(8) 定期开展用电普查,对存在疑问的用户进行重点审查,堵塞管理上的漏洞。

(9) 加大电力法律法规的宣传教育力度,消除无表用电现象,杜绝违规用电行为,并依法严格查处电力盗窃行为。

4. 管理线损的重要工作:

(1) 完善线损管理规定,确保对节能降损的整个流程进行有效管理与监督,必须构建一套全面的线损管理规范,主要包括:

① 线损管理考核办法。

② 线损率指标管理办法。

③ 线损小指标管理办法。

④ 线损分析例会制度。

⑤ 电力营销管理有关制度。

⑥ 电能计量管理有关制度。

⑦ 电网经济运行有关制度。

⑧ 线损管理与节能降损培训管理制度。

⑨ 新技术、新设备运行管理制度。

(2) 积累有关资料,如配电网络电气接线图、系统电能表配置图(含关口表及用户计量校验周期表)、系统阻抗图、运行方式等资料,主要包括:

① 收集线路(含用户接入线)、变压器(含配电变压器)、调相机、电容器、测量仪器等设备的参数和损耗数据,并依据这些数据计算无功经济当量以及各类

设备的经济负荷曲线。

② 有功及无功负荷的资料。

③ 地区的气温和地温资料。

④ 月度线路损耗电量的平衡图表、母线电量的平衡报表,以及电能表安装变动的通知单据。

⑤ 对线损进行调研、理论分析、规划、统计分析,并整理汇总相关材料。

⑥ 线损报表及线损专业办事程序流程图和质量标准。

(3) 开展线损普查,由于线损变化因素复杂多变,涉及面广,许多专业工作,如远景规划、工程设计与施工、运行方式、计量装置、抄表制度、功率因数、电压质量、负荷率等都和线损有关;从设备来讲,每一台运行设备都有损失电量发生。为强化线损管理,应定期开展以查组织、查管理、查计量、查设备"四查"为主要内容的线损大普查,其重点和主攻方向是如何正确计量线路损失和尽可能地消除或减少供用电过程中的"跑、冒、滴、漏"。

(4) 培养员工素质,确认培训人员范围,明确培训目标和培训内容。

4.2.2 技术降损

技术性降损策略通常分为建设性措施和运营措施两大类。建设性措施通常需要一定的资金投入,目的是通过技术改造提升供电系统的输送效率或优化电压水平。而运营措施则涉及较小的资金投入或无需投资,主要是确定供电系统最经济合理的运行模式,以实现降低线损的效果。

1. 建设性措施:

(1) 电网规划降损

随着国家经济的迅猛增长和居民生活标准的持续提升,工业、商业和民用领域对电力的依赖日益增强。为满足日益增长的电力需求,电力行业必须不断扩大电力系统的规模,而大型电网的互联已成为中国电力行业发展的主要趋势。当前,能源与环境问题已成为全球关注的焦点,社会普遍倡导的是一种节约资源和环境友好型的发展理念。电力系统的规划在电网发展中起着关键的引领作用,随着经济的快速发展,电网规划面临的挑战也日益复杂,呈现出新的工作态势。

在电网规划的过程中,需要综合考虑土地等资源的节约使用,同时确保对周围环境不产生负面影响,包括自然环境和居住环境,以保障居民的生活质量。规划时还需考虑电力公司的成本效益,城市美观的维护,用电单位的安全可靠供电,以及与城市整体规划的协调性。此外,当前社会广泛推崇的低碳经济也将对电网的规划和设计产生深远的影响。面对这些挑战,电网规划需要解决一系列问题,目的是在保障生产和生活用电的基础上,同时达到经济利益和社会利益的双重增长,并遵循可持续发展的原则,平衡各方利益。

电网规划是国家经济和社会发展的关键组成部分,也是电力企业自身长期发展规划的重要基础。电网规划的目的在于确保电网的发展能够适应并适度领先于供电区域的经济需求,并在电网的构建、运作和电力供应保障方面扮演至关重要的角色。

电网规划作为指导电网发展和升级的总体方案,其主要目标是分析电力负荷增长的趋势,优化现有的电网架构,强化其薄弱环节,增强供电容量,实现设备的规范化,提高供电的质量和稳定性,打造一个经济技术上合理的强大电网。

电网规划应全面贯彻科学发展观,坚持统筹兼顾,实现全面协调可持续发展,并遵循以下主要原则:

① 安全至上,专注于解决电网的薄弱环节和结构性问题,防止电网崩溃或稳定性破坏等大规模停电事故。

② 改善和优化电源结构与布局。

③ 坚持适度超前发展,以满足市场需求为目标,优化项目施工时序,适应并适度领先于经济社会的快速发展。

④ 维护和谐发展的原则,全面考虑电网与发电端、输电网与配电网、有功功率与无功功率的规划协调。

⑤ 促进智能电网的发展,提高电网的信息智能化、自动化和互动性。

⑥ 在确保电网的安全性、稳定性以及满足供电需求的基础上,注重提升电网投资的效益。

⑦ 关注电网建设对环境和社会的影响,倡导实施节能环保的工程,以满足构建节能环保型社会的需求。

电网规划的核心研究议题包括构建坚实的电网基础、促进均衡发展、改进电网布局和确保电力供应的稳定性,并且实施有效的能源节约和降低损耗的策略,以减少线路损耗。在规划的实施阶段,应遵守国家相关法规,优化电网结构,简化电压等级,缩短供电距离,减少不必要的供电绕路,合理确定导线截面积、变压器型号和容量,制定反窃电措施,淘汰损耗高的变压器,降低技术线损,持续提高电网的经济运行效率。电网规划要紧跟电力供需的变化、负荷结构的变动以及新技术、新产品的应用对线损率的影响,及时组织专家进行评估,识别问题,分析原因,提出解决方案。电网规划根据电压等级的不同,区分为输电规划和配电网规划,其中输电网作为主要网络,连接发电端和配电网,其规划成果对整个电网的可靠性和供电品质有重大影响。因此,深入研究输电网规划对保障社会稳定和推动经济发展极为关键。规划电网降损主要通过两种方法来实施。

① 加强电力负荷的科学预测

电力负荷预测是城市电网规划的基石,对确保规划质量至关重要。它包含预测总负荷和负荷的空间分布两个关键方面。

在电网规划阶段,除了要预测负荷的总量,还需预测负荷增长的空间分布。只有掌握负荷的空间分布,才能精确规划变电站的位置和线路走廊。准确的负荷预测对于合理安排电源点、电网建设的最佳时机、投资决策以及实现电网运行的经济性、安全性和可靠性至关重要。

负荷预测是一门应用统计学的技术,属于预测学领域。预测方法多样,主要包括单耗法、回归分析法、时间序列法、土地利用法、弹性系数法、横向指标比较法、灰色系统理论法等。应根据预测的时间范围和可用数据量选择适当的预测方法。

为提升预测精度,电网规划应综合运用多种预测方法,构建一个预测模型库。在实际操作中,通过分析各种经济预测数据、规划数据和历史数据,使用不同的预测方法,然后以最小化预测误差为目标,根据宏观经济状况和经验,对不同方法的预测结果进行加权平均,形成所谓的"组合预测",以获得更准确的预测结果。同时,电网规划应与城市规划相结合,从现有负荷出发,确保规划的效益和可行性。负荷预测应综合考虑分区、行业和时段,研究不同行业在城市中的具体位置和年份的负荷需求,以满足变电站、线路等供电设施的规划和建设需求。

在实际操作过程中,通过在时间和空间维度上对总体负荷进行分解,构建时空地理模型,利用 GIS 技术,将总体负荷划分为各个区域的负荷,并精确确定到城市中的具体位置。在这个负荷时空地理模型中,用户的行业类型和数量被视作空间变量,而每个用户的电力消费则被视为时间变量。该方法有助于提升负荷预测的精确度。

近年来,由于负荷发展和变化的复杂性,传统预测方法在预测负荷规模和地理分布上存在较大偏差。相比之下,空间负荷预测通过对大量数据的处理,能够提供更准确的预测结果,尤其在新开发区域缺乏历史数据的情况下,显示出明显的优势。此外,空间负荷预测方法不受电网负荷转移问题的影响,能够更容易地考虑小区用地类型变化对负荷发展的影响。空间负荷预测不仅能提供未来的负荷值,还能展示负荷的地理分布,为城市电网规划带来诸多益处。

② 进行输电网络优化

一个合理布局的电网结构对于确保电力系统的稳定与安全运行至关重要。为了预防可能的系统性故障和大规模停电事件，精心设计的输电网是必不可少的。根据《中华人民共和国电力法》第三条的规定，电力事业应当适应国民经济和社会发展的需求，适当超前发展，这为我国电力系统规划提供了基本的指导方针。

电力系统规划作为电力建设的前期关键步骤，旨在基于特定时期内的负荷预测，寻找在满足既定可靠性标准的前提下，最具成本效益的电力发展方案。

当前，国家推动的多项重大电力关键工程项目与电网规划紧密相连。它们对于推动国家电力产业的进步、电力体系的改革，以及促进整个国家经济和社会的持续发展，都扮演着关键角色。因此，深入探讨和提升电网规划的效率，对于现实情况具有极其重大的意义。

在输电网络规划中，需要从宏观角度出发，全面考虑，特别是电网结构的优化。电网结构包括电压等级的配置、变电站的供电区域、变压器容量的设置以及网络的布局等。电网结构对降低线损至关重要，在电网的规划、建设和改造过程中，必须充分考虑其对线损的影响。一个不合理的电网结构可能导致线损增加、电压合格率下降、运行方式缺乏灵活性、供电安全性降低，以及建设成本上升等系列问题。电网结构的问题可能源于初始规划的不足，或是用电负荷的持续变化。因此，在进行输电网络规划时，需要重新评估现有电网结构，并持续进行优化。电网优化的目标旨在做出最合理的电网投资选择，以保障电力体系的持久稳定发展。其主要工作是依据电力需求的增加和发电资源的布局，来决定最理想的电网框架。

输电网络规划是一个涉及众多变量和复杂约束条件的优化问题。建立输电网络规划模型是进行决策和指导规划的基础。根据不同的需求，规划模型可分为单目标和多目标规划模型、静态和动态规划模型、确定型和不确定型规划模型。数学中的优化技术涵盖了多种方法，包括但不限于线性规划技术、分解策略、分支界定技巧以及当代启发式等解决方案。

线性规划作为一种数学技术，在理论和解决实际问题方面都极为成熟。在电网规划领域，通过实施线性化手段，能够构建起线性规划模型，这不仅简化了计算过程，还加快了求解速度。然而，由于电力系统中的许多问题本质上是非线性的，简化为线性可能会引入误差。

电网规划问题往往因为其庞大的规模而难以直接求解，所以经常使用分解策略，将问题分解成若干较易处理的小问题。通过逐一解决这些小问题，最终汇总得到整体的最优解决方案。在电网的优化规划过程中，这种方法被广泛应用，Benders分解是一种常用的方法。

分支定界法是运筹学中用于解决整数规划问题的一种有效算法。在电网规划领域，由于涉及的决策变量常常是0到1的整数，因此规划模型多呈现为混合整数规划形式，这使得分支定界法成为其适用的求解方法。然而，面对大规模系统时，该方法可能面临处理众多分支的挑战，导致计算负担上升。

现代启发式算法，作为一类模拟自然界优化过程的新型算法，非常适合处理组合优化问题以及那些带有约束条件的非线性优化问题。这些算法易于理解，且与人类的思考方式相近，在解决组合优化问题时，它们不仅能够发现最优解，还能提供一系列接近最优的解，为规划者提供比较和深入研究的可能。常见的这类算法包括模拟退火、遗传算法和蚁群算法等。

（2）合理布局配电网

城市配电网络是城市基础设施的关键组成部分，与城市的繁荣发展息息相关。城市配电网的规划应与城市发展同步进行，既展现出前瞻性的规划视野，又与城市美观相融合。周密规划城市电力分配网络的长期发展蓝图，确保满足城市扩张对电力资源的不断增长需求，构成了一项至关重要的战略任务。

一方面，鉴于电力负荷增长的不确定性，城市配电网的规划需要具备灵活性，能够根据负荷的实际增长情况进行适时的调整。这使得城市配电网规划的更新和调整频率比高压输电网更为频繁和复杂。另一方面，鉴于城市配电网的设备分布广泛且数量庞大，为了解决供电限制问题，不能仅依赖以往经验处理超负荷的线路。需全面审视、优化城市电力分配网络的设施与架构，旨在增强电力供应能力，以达到最优的经济和社会效益。

城市配电网的规划工作包括对现有电网状况和未来负荷增长趋势的深入分析和研究，以此为基础，制定一套系统性的扩建和改造方案。规划过程中，要在满足用户容量和电能质量需求的前提下，综合考虑各种可能的接线方案、线路数量和导线规格，以运行成本效益为评判标准，筛选出最优或接近最优的规划方案，确保电力企业和相关部门能够获得最大的利益。

随着配电网规模的不断扩大，所涉及的内容越来越广泛，需要考虑的因素也越来越多，这些因素往往难以量化和明确化。因此，优化配电网规划通常包括确定电网结构的多个关键参数，通过评估这些参数的实际表现与理想目标的差异，识别电网结构可能存在的问题。在规划和设计阶段，应在技术策略方面调整电网布局，使这些参数尽可能地达到最佳状态，从而提升电网的整体效能和效率。

优化配电网结构的主要参数有：

① 110 kV 主变压器与 35 kV 配电变压器的配置比例。

② 35 kV 配电变压器与 10 kV 配电变压器容量的配置比例。

③ 35 kV 与 10 kV 线路长度的配置比例。

④ 35 kV 线路长度与 35 kV 配电变压器容量的配置比例。

⑤ 10 kV 与 0.4 kV 线路长度的配置比例。

⑥ 10 kV 线路长度与 10 kV 配电变压器容量的配置比例。

⑦ 10 kV 配电变压器容量与低压用电设备容量的配置比例。

2. 运行措施：

在日常电力系统的运行管理中，恰当分配、补偿无功功率至关重要。电网中的输电、变电和配电设备是无功功率的主要消耗者，尤其是变压器，其消耗的无功功率占比重很大；在用户端，感应电动机是无功功率的主要消耗设备。供电和用电设备消耗的无功功率总额可达到有功负荷的 100% 至 120%。因此，如果系统中的无功功率补偿不足，会导致功率因数下降，这不仅会减少电网的供电效率，还可能造成电网电压下降和电能损耗增多。

在电网的某个节点增加无功补偿容量，有助于减少从该节点至电源点之间所有串联线路和变压器中的无功功率流动。这种做法可以降低到该节点为止所有串联元件中的电能损耗，从而达到减少损耗、节约能源和提高电能质量的目的。

深入开展电力网经济运行是降低电网电能损耗的重要措施，各电力公司在保障电网运行的安全性和稳定性的基础上，依据电网的布局、电力流动的动态变化以及设备的运行状态，合理地规划电网的运作模式，使之保持在最佳经济运行状态，以取得更好的降损效果。电力网络的经济性运行涉及多个方面，包括对运行电压的适当调整、线路的经济效益最大化、变压器的高效运行、无功电压的优化管理、用电侧的功率因数提升，以及三相负载的均衡分配等。

1) 经济运行

经济运行是减少损耗的技术手段之一，在现有的电网架构和配置条件下，通过最小的投资或不增加投资来达到减少线路损耗的目标。

(1) 变压器经济运行

变压器作为电力系统中的核心组件，在电能的传输过程中扮演着至关重要的角色。通常情况下，从电能的产生到最终的消耗，需要经历 3 至 4 个阶段的电压转换，均依赖于变压器的作用。在电能传输的过程中，变压器本身也会消耗一部分有功功率和无功功率，考虑到变压器的数量庞大且总容量庞大，它们在电力系统整体损耗中所占的比重达到了30%至40%。因此,确保变压器的高效运行对于整个电力系统的经济运行至关重要,也是节约电能和降低损耗的关键措施。

所谓的变压器经济运行,指的是在运行过程中,通过调整变压器所承担的负荷,使其达到一个理想的水平;在这个状态下,变压器的负载率以及功率损耗率均达到最优,从而实现最高的能效。这种运行状态便是变压器的经济运行状态。

① 单台变压器的经济运行

当单台变压器负载率达到经济负载率 β_j 时,变压器经济运行。变压器经济负载率计算式为:

$$\beta_j = \sqrt{\frac{\Delta P_0 + K_Q \Delta Q_o}{\Delta P_k + K_Q \Delta Q_k}} \tag{4-1}$$

其中:ΔP_0 为变压器空载损耗,kW;ΔP_k 为变压器短路损耗,kW;ΔQ_k 为变压器短路无功损耗,kvar;ΔQ_o 为变压器空载无功损耗,kvar;K_Q 为变压器负荷无功经济当量,一般主变 $K_Q = 0.06 \sim 0.10$ kW/kvar,配变 $K_Q = 0.08 \sim 0.13$ kW/kvar。

此时,变压器经济负载值,即变压器输出的有功功率的经济值为:

$$P_j = \beta_j P_e = S_e \cos\varphi \sqrt{\frac{\Delta P_0}{\Delta P_k}} \tag{4-2}$$

其中:β_j 为变压器经济负载率;S_e 为变压器额定有功功率,kW;P_e 为变压器额定容量,kVA;ΔP_0 为变压器空载损耗,kW;ΔP_k 为变压器短路损耗,kW;$\cos\varphi$ 为变压器二次侧负荷功率因数。

② 两台变压器的经济运行

a. 两台同型号、同容量变压器的经济运行

此种情况,人为定义一个参数,称为"临界负荷" S_{Lj},其计算公式为:

$$S_{Lj} = S_e \sqrt{\frac{2(\Delta P_0 + K_Q \Delta Q_o)}{\Delta P_k + K_Q \Delta Q_k}} \tag{4-3}$$

其中:S_e 为变压器额定容量,kVA;K_Q 为变压器负荷无功经济当量(具体取值见前述);ΔP_0 为变压器空载损耗,kW;ΔP_k 为变压器短路损耗,kW;ΔQ_k 为变压器短路无功损耗,kvar;ΔQ_o 变压器空载无功损耗,kvar。

当用电负荷 S 小于临界负荷 S_{Lj} 时,将一台变压器投入运行,功率损耗最

小,最经济。当用电负荷 S 大于临界负荷 S_{Lj} 时,将两台变压器都投入运行,功率损耗最小,最经济。

依据临界负荷来决定变压器的投用容量,对于需要高供电连续性的、随时间变化的综合性用电需求,不仅具有显著的节能降损效果,而且是切实可行的策略。然而,对于负荷在短时间内或一天之内波动较大的情况,该方法则不太适用。

b. "母子变压器"的经济运行

"母子变压器"指的是容量有大有小的两台变压器,它们的运行模式可以有三种选择:第一,当用电负荷较小时,仅启动容量较小的"子变压器";第二,当用电负荷适中时,启动容量较大的"母变压器";第三,当用电负荷较大时,同时启动"母变压器"和"子变压器"共同供电。

类似于两台同容量运行的情况,此时定义了两个"临界负荷"参数 $S_{Lj \cdot 1}$ 和 $S_{Lj \cdot 2}$。其计算公式分别为:

$$S_{Lj \cdot 1} = S_{e \cdot m} S_{e \cdot z} \sqrt{\frac{\Delta P_{0 \cdot m} - \Delta P_{0 \cdot z}}{S_{e \cdot m}^2 \Delta P_{k \cdot z} - S_{e \cdot 2}^2 \Delta P_{k \cdot m}}} \tag{4-4}$$

$$S_{Lj \cdot 2} = S_{e \cdot m} \sqrt{\frac{\Delta P_{0 \cdot z}}{\Delta P_{k \cdot m} - \frac{S_{e \cdot m}^4 \Delta P_{k \cdot m}}{(S_{e \cdot m} + S_{e \cdot z})^4} - S_{e \cdot m}^2 S_{e \cdot z}^2}} \tag{4-5}$$

其中:$\Delta P_{0 \cdot z}$、$\Delta P_{k \cdot z}$ 分别为子变压器的空载损耗和短路损耗,kW;$\Delta P_{0 \cdot m}$、$\Delta P_{k \cdot m}$ 分别为母变压器的空载损耗和短路损耗,kW;$S_{e \cdot z}$、$S_{e \cdot m}$ 分别为子变压器、母变压器的额定容量,kVA。

当用电负荷 S 小于第一个"临界负荷"$S_{Lj \cdot 1}$ 时,将子变压器投入运行损耗最小,最经济;当用电负荷 S 大于第一个"临界负荷"$S_{Lj \cdot 1}$ 而小于第二个"临界负荷"$S_{Lj \cdot 2}$ 时,将母变压器投入运行损耗最小,最经济;当用电负荷 S 大于第二个"临界负荷"$S_{Lj \cdot 2}$ 时,将母变压器和子变压器都投入运行功率最小,最经济。

"母子变压器"供电模式适合于那些对供电连续性有较高需求,并且用电需求随时间变化的综合性负载。通过计算确定的临界负荷值,来评估当前的用电负荷属于哪个范围,据此决定启动相应容量的变压器,并选择最合适的供电策略。

③ 多台变压器的经济运行

这里提到的多台变压器,指的是型号相同、容量一致的三台及以上的变压器。它们的经济运行方式,可以通过以下公式来阐述。

当用电负荷增大,且达到

$$S > S_e \sqrt{\frac{\Delta P_0 + K_Q \Delta Q_o}{\Delta P_k + K_Q \Delta Q_k} n(n+1)} \qquad (4-6)$$

时,应增加投运一台变压器,即投运$(n+1)$台变压器较经济;

当用电负荷减小,且降到

$$S > S_e \sqrt{\frac{\Delta P_0 + K_Q \Delta Q_o}{\Delta P_k + K_Q \Delta Q_k} n(n-1)} \qquad (4-7)$$

时,应停运一台变压器,即投运$(n-1)$台变压器较经济。

需要明确,对于那些用电负荷在一天之内波动较大,或者在短时间内变化剧烈的情况,使用上述方法来减少变压器的能耗是不妥的,因为这会导致变压器高压侧的开关频繁操作,增加损坏风险和维修工作量;此外,频繁操作还可能对变压器的使用寿命产生负面影响。

(2) 配电网的经济运行

配电网络的经济运行,指的是在现有的电网架构和布局条件下,一方面要合理组织用电负荷,确保线路和设备在运行期间所承载的负荷尽可能合理;另一方面,通过适当方式,根据季节变化调整电网的运行电压,使其保持或接近一个合理的水平。

① 配电网实现经济运行的技术条件如下：

当以下两个条件任一实现时,配电网线路实现经济运行。

a. 当线路负荷电流 I_{pj} 达到经济负荷电流 I_{jj} 时。

$$I_{jj} = \sqrt{\frac{\sum_{i=1}^{m} \Delta P_{o \cdot i}}{3K^2 R_{d \cdot \sum}}} \qquad (4-8)$$

其中：$\Delta P_{o \cdot i}$ 为线路上每台变压器的空载损耗,W;K 为线路负荷曲线形状系数;$R_{d \cdot \sum}$ 为线路总等值电阻,Ω。

b. 当变压器综均负载率 β 达到经济综均负载率 β_{jj} 时。

$$\beta_{jj} = \frac{U_e}{K \sum_{i=1}^{m} S_{e \cdot i}} \sqrt{\frac{\sum_{i=1}^{m} \Delta P_{o \cdot i}}{R_{d \cdot \sum}}} \times 100\% \qquad (4-9)$$

其中：U_e 为线路的额定电压,kV;$\Delta P_{o \cdot i}$ 为线路上各台变压器的空载损耗,kW;

K 为线路负荷曲线形状系数；$R_{d.\sum}$ 为线路总等值电阻，Ω；$S_{e.i}$ 为线路上各台变压器的额定容量，kVA。

当配网线路实现经济运行时，线路达到最佳线损率。其计算式为：

$$\Delta A_{zj} = \frac{2K \times 10^{-3}}{U_e \cos\varphi} \sqrt{R_{d.\sum} \sum_{i=1}^{m} \Delta P_{o.i}} \times 100\% \qquad (4\text{-}10)$$

其中：K 为线路负荷曲线形状系数；U_e 为线路的额定电压，kV；$\cos\varphi$ 为线路负荷功率因数；$R_{d.\sum}$ 为线路总等值电阻，Ω；$\Delta P_{o.i}$ 为线路上每台变压器的空载损耗，W。

② 合理调节配电网的运行电压

这里的电压调节是指利用变压器抽头的调整、在母线处切换电容器和调节调相机等方法，在确保电压符合质量要求的前提下，对电压进行细微的调节。这与提高电网电压的做法是不同的，需要明确区分。

电力系统中的工作电压对网络内设备产生的固定损耗和变动损耗起着关键作用。众所周知，变动损耗与工作电压的平方成正比，固定损耗则与工作电压的平方成反比。因此，电网的整体损耗会随着工作电压的变动而相应改变，具体变化趋势取决于在总损耗中，可变损耗和固定损耗的比例关系。

若电网损耗中，恒定损耗占据显著份额，则通过调低工作电压的方式，能有效减轻电网的整体损耗；反之，若变动损耗占比更高，则提升工作电压会成为减少电网损耗的有效途径。调压后的降损节电量为：

$$\Delta(\Delta A) = \Delta A_k \left[1 - \frac{1}{(1+a)^2}\right] - \Delta A_0 a(2+a) \qquad (4\text{-}11)$$

其中：ΔA_k 为调压前被调压电网的负载损耗电量，kW·h；ΔA_0 为调压前被调压电网的空载损耗电量，kW·h。

a 为提高电压百分率，计算式为：

$$a = \frac{U' - U}{U} \times 100\% \qquad (4\text{-}12)$$

常用电网调压的方法有：

a. 改变发电机机端电压进行调压；

b. 利用变压器分接头进行调压；

c. 利用无功补偿设备调压。

2) 网络改造

线路操作(例如增加辅助导线或增设第二条线路)、导线替换、环网的解环操作、改进不恰当的线路连接方式、增设无功补偿设备、使用低损耗和带负载调压的变压器,以及逐步淘汰高损耗变压器,都是降低电力网线损的有效措施。

接下来,将详细介绍几种降低线损的方法,包括电力网的增压改造、并列线路的增设、导线的更换、采用低损耗和带负载调压变压器以及高损耗变压器的逐步替换。

(1) 电力网的增压改造

电力网的增压改造是一种能够在短时间内提升供电能力并减少线损的有效策略。这项改造适用于以下情况:用电负荷的增长导致现有线路的输送容量不足或线损显著增加,变得不经济合理,在需要降低电压等级、淘汰非标准电压的情况下,即使输送的负荷量保持不变,也需要进行调整。通过电力网的增压改造所达到的降损节电效果可以通过以下方式进行计算。

电网升压后降低负载损耗的百分率为:

$$\Delta P = \left(1 - \frac{U_{N1}^2}{U_{N2}^2}\right) \times 100\% \qquad (4-13)$$

其中:U_{N1} 为电网升压前的额定电压,kV;U_{N2} 为电网升压后的额定电压,kV。

电网升压后降损节电量为:

$$\Delta(\Delta A) = \Delta A \times \Delta P\% = \Delta A \times \left(1 - \frac{U_{N1}^2}{U_{N2}^2}\right) \qquad (4-14)$$

其中:ΔA 为电网升压前的线路损耗电量,kW·h。

(2) 增加并列线路运行及更换导线

增设并行线路的运行可以达成分散电流和减少损耗的效果。所谓增设并行线路的运行,是指在相同的电源和受电点之间增加一条或多条线路同时工作。

① 增加等截面、等距离线路并列运行后的降损节电量计算为:

$$\Delta(\Delta A) = \Delta A\left(1 - \frac{1}{N}\right) \qquad (4-15)$$

其中:ΔA 为原来一回线路运行时的损耗电量,kW·h;N 为并列运行线路的回路数。

② 在原导线上增加一条不等截面导线后的降损节电量计算为：

$$\Delta(\Delta A) = \Delta A \left(1 - \frac{R_2}{R_1 + R_2}\right) \quad (4-16)$$

其中：ΔA 为改造前线路的损耗电量，$kW \cdot h$；R_1 为原线路的导线电阻，Ω；R_2 为增加线路的导线电阻，Ω。

③ 增大导线截面或改变线路迂回供电的降损节电量计算为：

$$\Delta(\Delta A) = \Delta A \left(1 - \frac{R_2}{R_1}\right) \quad (4-17)$$

其中：ΔA 为改造前线路的损耗电量，$kW \cdot h$；R_1 为线路改造前的导线电阻，Ω；R_2 为线路改造后的导线电阻，Ω。

对有分支的线路则以等值电阻代替。

(3) 采用低损耗变压器，逐步更新高损耗变压器

① 淘汰高损耗配电变压器

以 100 kVA 容量的配电变压器为例，相关实验分析表明，一定负载率下，"86"标准的配电变压器比"64""73"标准的配电变压器损耗率低。因此可淘汰后两类高损耗变压器。

② 停用空载配电变压器

在配电网络中，部分配电变压器会经历全年负荷的波动，有时可能面临重负荷甚至过载的情况；而在其他时候，负荷可能非常轻，接近空载状态，这种情况常见于农业灌溉、季节性生产的用电场景。对于这类变压器，可以采取的季节性调整措施包括：在大约半年的空载期间停用变压器，或者采用"子母变"配置，即根据实际负荷情况灵活切换使用较小容量的配电变压器，以此来实现降低损耗和节约电能的目标。

③ 安装低压电容器

对于功率因数较低的配电变压器，建议在低压电网中安装低压电容器。这样不仅提升功率因数、减少配电变压器的损耗，还可以提升用电端的电压水平、增强电力供应的可靠性和降低电能损失，是一种经济效益显著的减损策略。

④ 强化运行监控

加强对配电变压器的运行监控，及时收集并分析运行数据，例如，日常的负荷变化曲线、功率因数、工作电压和电力消耗量等信息，这些数据将为制定减少配电变压器损耗的策略提供准确的依据。

⑤ 优化配电变压器容量配置

依据日负荷曲线,选择最合适的配电变压器容量,以提高其负载率,确保变压器在高效状态运行。

3) 无功补偿

在电力网络中,传输、转换和分配电力的设备是无功功率的主要使用者,特别是变压器,它的无功功率消耗量尤其高。在用电设备中,感应式电动机的无功功率消耗特别显著。电力供应和使用设备消耗的无功功率占比较高,如果电网中的无功功率补充设备不足,将导致整体功率因数降低,这不仅会减少电网的供电效率,还可能造成电压下降,增加电力的损失。

为了满足无功功率的需求,确保电网的功率因数符合规定标准,在维持无功功率平衡的基础上,应在电力系统的合适位置增设足够容量的无功补偿设备。

在电力网络的特定点增加无功补偿能力,可以减少从该点到电源端的所有串联线路和变压器的无功功率流,这有助于减少到达该点的所有串联组件中的电能损耗,进而实现降低损耗、节省能源和提高电能质量的目标。

无功补偿的策略有三种选择:在需要集中补偿的情况下,可以根据无功的经济价值来决定补偿的位置和规模;对于终端用户,可以根据提高功率因数的原则进行无功补偿,减少无功功率的供给;对于整个电网,可以根据无功补偿增加的总容量,采用最小化网络损耗增量的方法来实施无功补偿。

(1) 根据无功经济当量进行无功补偿

a. 无功经济当量 C_P

无功经济当量是指增加每千乏无功功率所减少有功功率损耗的平均值,用 C_P 表示,如下:

$$C_P = \frac{\Delta P_1 - \Delta P_2}{Q_C} = \frac{2Q - Q_C}{U^2} R \times 10^{-3} \tag{4-18}$$

其中:ΔP_1 为没有增加无功补偿容量的有功损耗,kW;ΔP_2 为增加无功补偿容量的有功损耗 kW;Q_C 为无功补偿容量,kvar;Q 为补偿前的无功功率,kvar。

b. 无功补偿设备的经济当量 $C_P(X)$

无功补偿设备的经济当量是该点以前潮流流经的各串接元件的无功经济当量的总和,其计算公式为:

$$C_P(X) = \sum_{i=1}^{m} C_P(i) \tag{4-19}$$

其中：$C_P(X)$ 为补偿设备装设点（X 点）的无功经济当量；$C_P(i)$ 为 X 点以前各串接元件的无功经济当量。

为简化计算，串接元件只考虑到上一级电压的母线，$C_P(i)$ 计算式为：

$$C_P(i) = \frac{2Q(i) - Q_C}{U^2(i)} R(i) \times 10^{-3} \tag{4-20}$$

其中：$Q(i)$ 为第 i 串接补偿前的无功潮流，kvar；$R(i)$ 为第 i 串接元件的电阻，Ω；$U(i)$ 为第 i 串接元件的运行电压，kV；Q_C 为无功补偿装置的容量，kvar。

① 增加无功补偿后的降损节电量

增加无功补偿后的降损节电量计算式为：

$$\Delta(\Delta A) = Q_C [C_P(X) - \tan\delta] t \tag{4-21}$$

其中：$\tan\delta$ 为电容器的介损；t 为无功补偿装置的投运时间，h。

② 根据无功经济当量的概念得出以下结论

a. 电网电阻愈大，需要安装的无功补偿容量愈多。

b. 无功负荷愈大，安装的无功补偿容量愈多。

c. C_P 愈大，补偿的容量愈多，补偿效果愈好。

d. C_P 愈小补偿效果愈差。

（2）根据功率因数进行无功补偿

功率因数指有功功率与视在功率的比值，通常用 $\cos\varphi$ 表示。

在电力系统中，无功功率的消耗占据了相当大的比例，大体上一半的无功功率消耗发生在输电、变电和配电环节，另一半则由电力用户所消耗。为了有效降低无功功率的消耗，关键在于减少无功功率在电力网络中的流动。一种有效的策略是在用户端引入无功补偿措施，以此提升用电端的功率因数。通过这种方式，可以减少发电机组的无功功率输出，同时降低输变配电设备中的无功功率损耗，最终实现减少整体电力损耗的目标。

① 各串接元件补偿前后的功率因数计算

补偿前各串接元件负荷的功率因数 $\cos\varphi_{i1}$ 为：

$$\cos\varphi_{i1} = \cos\left(\arctan\frac{Q_i}{P_i}\right) \tag{4-22}$$

其中：P_i 为补偿前各元件的有功功率，kW；Q_i 为补偿前各元件的无功功率，kvar。

补偿后各串接元件负荷的功率因数 $\cos\varphi_{i2}$ 为：

$$\cos\varphi_{i2} = \cos\left(\arctan\frac{Q_i - Q_c}{P_i}\right) \tag{4-23}$$

其中：P_i 为补偿前各元件的有功功率，kW；Q_i 为补偿前各元件的无功功率，kvar；Q_c 为无功补偿容量，kvar。

② 补偿后电网中的降损节电量

$$\Delta(\Delta A) = \sum_{i=1}^{m}\left[\Delta A_i\left(1 - \frac{\cos^2\varphi_{i1}}{\cos^2\varphi_{i2}}\right)\right] - tQ_C\tan\delta \tag{4-24}$$

其中：ΔA_i 为各串接元件补偿前的损耗电量，kW·h；$\tan\delta$ 为电容器的介损；$\cos\varphi_{i1}$、$\cos\varphi_{i2}$ 分别为补偿前、后各串接元件负荷的功率因数；Q_c 为无功补偿容量，kvar；t 为无功补偿装置的投运时间，h。

③ 提高功率因数和降低有功损耗关系

当输送有功功率不变，功率因数从某一值提高到另一值时，电网中各串接元件的有功功率损耗降低百分率为：

$$\Delta P = \left(1 - \frac{\cos^2\varphi_1}{\cos^2\varphi_2}\right) \times 100\% \tag{4-25}$$

（3）根据等网损微增率进行无功补偿

对于电力网络来说，要想合理地分配无功补偿并尽可能减少总体电能的损失，只考虑无功的经济价值与提高功率因数尚有不足。应用等网损微增率的原则来决定无功补偿的分配可实现该目标。在已经掌握了电力网络中各个节点的有功功率数据的前提下，可以更精确地规划无功补偿，而该网络的有功总损耗 ΔP_Σ 与各点的无功功率 Q 和无功补偿容量 Q_c 有关，若忽略网络中的无功功率损耗，只需满足以下方程，便能得出最优的补偿方案。

等网损微增率方程式为：

$$\begin{cases} \dfrac{\partial \Delta P_1}{\partial Q_{1C}} = \dfrac{\partial \Delta P_2}{\partial Q_{2C}} = \dfrac{\partial \Delta P_3}{\partial Q_{3C}} = \cdots = \dfrac{\partial \Delta P_n}{\partial Q_{nC}} \\ \sum_{i=1}^{n} Q_{iC} - \sum_{i=1}^{n} Q_i = 0 \end{cases} \tag{4-26}$$

其中：$\dfrac{\partial \Delta P_1}{\partial Q_{1C}}, \dfrac{\partial \Delta P_2}{\partial Q_{2C}}, \dfrac{\partial \Delta P_3}{\partial Q_{3C}}, \cdots, \dfrac{\partial \Delta P_n}{\partial Q_{nC}}$ 为通过某段线路上的功率损耗对该段线路终端无功功率补偿容量的偏微分。

安装在各点的无功补偿容量按下式计算：

$$Q_{1C} = Q_1 - \frac{(Q_{\sum} - Q_{\sum C})r_e}{r_1} \tag{4-27}$$

$$Q_{nC} = Q_n - \frac{(Q_{\sum} - Q_{\sum C})r_e}{r_n} \tag{4-28}$$

其中：$Q_1,\cdots,Q_n$ 为各点的无功功率，kvar；$Q_{\sum}$ 为此网络总的无功功率，kvar；$r_1,\cdots,r_n$ 为各条线路的等值电阻，Ω。

r_e 为装设无功补偿设备的所有各条线路的等值电阻，Ω，计算式为：

$$r_e = \frac{1}{\frac{1}{r_1}+\frac{1}{r_2}+\frac{1}{r_3}+\cdots+\frac{1}{r_n}} \tag{4-29}$$

经验表明，一旦在电力网络中安装了一定量的无功补偿装置，就应当遵循等网损微增率的原则进行恰当的分配，以实现最佳的补偿效果。

(4) 地区电网无功优化运行

地区电网的无功电压优化操作是指运用地区电网自动化调度系统的功能，例如，远程数据采集、远程信号传输、远程操作控制和远程调节功能，对 220 kV 及以下变电站的无功水平、电压状况和电网损耗进行整体调节。这一优化运行的核心原则是以最小化地区电网损耗为目标，在确保各节点电压符合标准的前提下，通过集中管理变压器的有载调压开关和变电站的无功补偿设备（包括电容性和感性设备）的投退，实现全电网无功功率的分层和就地平衡，从而全面提升电压品质和降低能量损耗。

(5) 无功补偿设备

在配电网络中，用于无功功率补偿的设备主要包括以下几种类型：

① 同步发电机。作为电力系统中唯一的有功功率来源，同步发电机亦提供了基本的无功功率供应。

② 同步型电动机。这类电动机可以在功率因数领先的情况下工作。在工农业领域，对于那些不需要速度调节的设备，如鼓风机和水泵，在经济条件允许的情况下，应首选同步型电动机来提供动力。

③ 异步电动机的同步操作。这是指绕线式异步电动机，在启动并达到额定转速之后，通过直流励磁使转子同步运转，从而发挥同步电动机的作用。在这种状态下，异步电动机能够吸收电网中的感性无功功率，类似于电容器。

④ 电力电容器。作为静态无功补偿装置，电力电容器在配电网中的应用

非常广泛。与其他类型的设备相比,它们的安装、使用和维护过程更为简单方便。

⑤ 晶闸管动态无功补偿器。这是一种新型的无功补偿设备,主要部件为晶闸管。由于其快速开关和连续调节无功功率的能力,该类补偿器在配电网,特别是低压配电网中的应用日益广泛。

4) 智能设备投入

在配电领域,积极采纳和应用创新技术、工艺、设备和材料,借助科技进步的力量来降低技术线损至关重要。在配电网中合理地并联容性负载以补偿无功功率,是一种有效提升功率因数的方法。传统的固定电容补偿法适用于负载稳定且无功功率相对不变的场景。然而,对于大多数情况,更需要的是实时监控和自动补偿的方式。随着电力电子技术、智能控制技术和通信技术的持续进步,随着电力行业新技术和新设备的不断涌现,智能电网的迅速发展正推动着城乡电网的转型升级。动态智能无功补偿技术已经在低压配电网的公共配电变压器上投入使用。这项技术整合了低压无功补偿、配电监控、线损测量、电压合格性评估以及谐波监测等多项功能,并且高度重视与配电自动化系统的融合,标志着低压线路无功补偿技术发展的最新方向。

(1) 应用配电变压器低压智能无功补偿技术

采用自动化控制手段,通过自动补偿控制器采集电网的电压、电流、功率和功率因数等关键参数,实现对电网运行状况的实时监控。通过分析这些运行参数,自动补偿控制器会发出相应的操作指令,以确保低压配电变压器的无功补偿始终保持在最优状态。此类智能补偿技术适用于 100 kVA 及以上容量的配电变压器,能够随着负载的变化自动调整电容器组的接入或断开,以实现有效的无功补偿,提升功率因数,减少线路损耗。根据多地的应用情况,这项技术能够显著提升功率因数至 0.95 以上,防止无功功率逆流,增强变压器的承载能力,减少电压波动,改善电能质量,经济社会效益显著。

(2) 采用新型补偿方式

结合固定补偿与动态补偿技术,以满足多样化负载特性和电网无功需求的波动;融合三相集中补偿与单相补偿方法,以解决三相不平衡的现象,同时兼顾成本效益;结合稳定状态下的补偿与快速响应的跟踪补偿,旨在提高功率因数、减少能耗损失,充分利用设备的工作容量,增进工作效率。

(3) 应用先进投切开关

使用集成了机械和电子技术的智能真空断路器,能够实现在电容电流过零点时进行投切操作,适合于带有串联电抗器的电路,具备长久的使用寿命和高度的可靠性,同时具备快速切换和低能耗的特点。智能无功功率控制策略通过收集三相电压和电流信号,监测无功功率的变化,以无功功率作为控制指标,依据预设的功率因数智能选择电容器组的组合,实现电容器的智能投切控制,从而提升补偿的精确度。

五、技术降损评价分析

技术降损评价系统是一套综合评估电网损耗、识别降损潜力和指导降损措施的系统工具。一般由数据收集与管理、建模仿真、损耗估算、技术评估、经济型评估、可视化和报告、决策支持、监测和调整八部分组成，能够辅助电网运营商能够更加科学、系统地进行线损管理，实现降损目标，提高电网的整体运行效率和经济效益[44][45]。

5.1 技术降损规划经济性评估指标体系

评估指标体系不仅仅是评价工作的基础，也是电网发展状况的综合反映，其构建应遵循一定的原则。

构建评估指标体系应该根据以下原则构建：

1. 可操作性是建立指标体系时必须首先考虑的原则。指标体系的建立旨在使其能够更高效地应用于实际的分析之中。因此，所选指标必须是可以量化的，并且有可靠的数据作为支持，而不是仅仅追求理论上的完善。体系中使用的每个指标都应该是定义明确、内容明确，并且能够通过实际测量获得，从而可以对评估方案进行定量分析。

2. 可比性原则包含以下几层含义：首先，选定的基本指标应该使用统一的名称、概念和计算方法，并且尽可能与其他指标具有可比性。其次，纵向可比性指的是在选择指标时，需要考虑不同时间段内各评估区域之间的可比性，所使用的指标应该是连续的数据指标，能够展示区域的发展情况。最后，横向可比性意味着在相同时间点上建立的评价指标体系应该有助于不同评估对象之间的比较。

3. 科学性原则，在构建指标及其计算方式时，必须严格遵循科学理论的指导，确保定义准确且方法合理。每个指标的定义、计算方法和分类应该科学、真实、规范、严谨，合理的逻辑结构和基本概念应准确界定。

4. 系统性原则。系统地建立指标对评估的目的是非常重要的，设计指标体系时，应建立一个理论框架，根据框架结构所选择的指标能够形成一个具有层次结构和内部联系的指标体系。每个指标的建立必须得有一种科学合理的态度,在科学研究的方法之上,能够真实客观地反映实际情况。

5. 层次分明性原则。构建综合评价体系时,应确保其具备清晰的层级结构。尤其是在复杂系统的评估中。该系统的组成应包括诸多不同层次的因素,根据不同层次的评价不仅可以得到评价结果,而且还可以了解每个层次的评价效果。

在面对具体的评估任务时,明确评估的目的和挑选合适的评估指标是至关重要的事项。对在实际中的原则应用要灵活考虑,评价指标体系在实践中不断完善,评价指标的筛选通常用以下几种方法来进行:

1. 专家调研法。专家调研法是一种专家咨询意见的方法。评价者首先从调研目的和评价对象的特点出发,建立一个相对完整的评价指标体系。然后通过调查咨询的方式向同领域的专家征求意见。最后,对专家的反馈意见进行汇总、统计和分析,得出初步结果。如果评价者对初步结果不满意,会重复向专家咨询,通过多轮咨询和反馈,专家意见逐渐趋于一致,从而形成最终的评价指标体系。该方法具有以下特点:匿名性、循环反馈以及结果的统计性。

2. 最小均方差法。假设有 n 个评价对象 $s_1, s_2, \cdots, s_n$,每个评价对象采用 m 个评价指标的观测 $X_{ij}(i=1,2,\cdots,n; j=1,2,\cdots,m)$ 来表示。如果这 n 个评价对象中任意一个对象的某项评价指标都跟其他对象相对应的评价指标取值变化不大,也许这个评价指标在该套评价指标体系中处于核心地位,但是其对这 n 个评价对象的评价结果并不会引起较大的影响。所以,为了提高计算效率,就可以在计算过程中去除这个指标,这就是最小均方差的建立原则。

3. 极小极大离差法。先把各评估指标 x_j 的最大离差 r_j 求出来,其计算公式如下

$$r_j = \max_{1 \leqslant i,k \leqslant n} \{|x_{ij} - x_{kj}|\} \tag{5-1}$$

式中,x_{ij} 为 m 个指标的观测值;r_j 为各评估指标的最大离差。

再求出 r_j 的最小值,$r_0 = \min_{1 \leqslant j \leqslant m} \{r_j\}$,当 r_0 接近于 0 时,则可删掉与 r_0 相应的评价指标。

4. 相关系数法。通过统计的方法,选取与评价目标相关系数较高的指标作为评价指标。公式如下

$$\gamma_j = \frac{\sum\limits_{i=1}^{n} x_{ij} y_i}{\sqrt{\sum\limits_{i=1}^{n} x_{ij}^2} \sqrt{\sum\limits_{i=1}^{n} y_i^2}} \tag{5-2}$$

式中，γ_j 为 j 个评价指标样本值与评价对象目标值的相关系数；y_i 为 i 个评价对象的目标值。

考虑到实际操作的可行性和实用性，一般情况下，专家调研法被视为评价指标的最佳筛选方法。专家调研法具有广泛的适用性，几乎适用于所有被评价的对象。该方法具有多个优点，包括以下几个方面：多向性，可以获取来自不同专业领域的专家意见；匿名性，通过匿名调查，有助于专家们发表独立的见解，以获得更准确的评价；集中性，最终将汇总每位专家的意见。从上述优点可以看出，专家调研法是一种较为科学且具有广泛应用的方法。如果与其他指标筛选方法相结合，将能够获得更好的效果。

在进行规划评估指标体系构建之前还需要进行一些预处理：评价指标类型的无量纲化以及定性指标的无量纲化。

评价指标类型的无量纲化是指在评估体系中，由于选择的指标具有不同类型的数据，每个指标的数据数量级和单位可能不同。因此，在进行综合评估时，首先需要消除由于不同单位和指标数量级的差异而可能引发的影响，以避免不合理的结果。由于不同指标的单位和数量级之间的差异，无量纲化处理是非常必要的，即对评价指标进行指数标准化处理。这样可以使不同指标在综合评估过程中具有相同的量纲，从而确保评估的准确性和合理性。

假设所考虑的指标 $x_j(j=1,2,\cdots,m)$ 为极大型指标，其观测值为 $\{x_{ij} \mid i=1,2,\cdots,n; j=1,2,\cdots,m\}$，常用的方法有以下几种：

1. 标准化处理法：

$$x_{ij}^* = \frac{(x_{ij} - \overline{x_j})}{s_j} \tag{5-3}$$

式中，$\overline{x_j}$ 为第 j 项指标观测值的样本均值；s_j 为第 j 项指标观测值的样本均方差；x_{ij} 为观测值；x_{ij}^* 为标准观测值。

2. 线性比例法：

$$x_{ij}^* = \frac{x_{ij}}{x_j^s} \tag{5-4}$$

式中，x_j^s 为可以取该类指标的最小值、最大值或平均值等。

x_j^s 取该类指标的最小值时，x_{ij}^* 的值域范围为 $[1,+\infty)$；当 x_j^s 取该类指标的最大值时，x_{ij}^* 的值域范围为 $(-\infty,1]$；当 x_j^s 取该类指标的平均值时，x_{ij}^* 的值域范围为 $(-\infty,+\infty)$。

3. 极值处理法：

$$x_{ij}^* = \frac{x_{ij} - m_j}{M_j - m_j} \tag{5-5}$$

式中，M_j 为 $M_j = \max_i\{x_{ij}\}$；m_j 为 $m_j = \min_i\{x_{ij}\}$。

对于指标为极小型的情况，式(5-5)可以变换为

$$x_{ij}^* = \frac{M_j - x_{ij}}{M_j - m_j} \tag{5-6}$$

4. 归一化处理法：

$$x_{ij}^* = \frac{x_{ij}}{\sum_{i=1}^{n} x_{ij}} \tag{5-7}$$

可以把归一化方法看成是线性比例法的一种特例，要求 $\sum_{i=1}^{n} x_{ij} > 0$，当 $x_{ij} > 0$ 时，$x_{ij}^* \in (0,1)$，无固定的最大最小值，且 $\sum x_{ij}^* = 1$。

5. 向量规范法：

$$x_{ij}^* = \frac{x_{ij}}{\sqrt{\sum_{i=1}^{n} x_{ij}^2}} \tag{5-8}$$

当 $x_{ij} > 0$ 时，$x_{ij}^* \in (0,1)$，无固定的最大最小值，且 $\sum_i (x_{ij}^*)^2 = 1$。

6. 功效系数法：

$$x_{ij}^* = c + \frac{x_{ij} - m_j}{M_j - m_j} \times d \tag{5-9}$$

式中，M_j 为指标 x_j 的满意值；m_j 为指标 x_j 的不允许值；c 为已知正常数，通常取 $c = 60$；d 为已知正常数，通常取 $d = 40$。

把 c 和 d 带入上式得

$$x_{ij}^* = 60 + \frac{x_{ij} - m_j}{M_j - m_j} \times 40, x_{ij}^* \in [60,100] \tag{5-10}$$

在对评价指标进行标准化时,一定要选择适合于评价对象的方法,方法可以选择一种,也可以选择多种,最后要分析不同的标准化方法对结果的影响。

定性指标的无量纲化是指评价体系中除了定量指标外,还有一些定性的指标,评价之前,必须对它们执行适当的标准化处理。普遍采用的处理方式包括:首先利用主观赋分法,根据指标的不同特征给予评分,然后依据每个指标的特性,挑选合适的标准化函数来进行调整;或者,也可在评分基础上直接计算分值。

经济性评估体系是进行综合经济性评价的重要工具。构建科学合理的经济性评估指标体系是电力经济性评价工作的关键步骤。建立一个科学完整的评估指标体系是解决综合评价问题的前提要求。构建电力评价指标体系分为两个主要步骤:定性分析和定量分析。

在定性分析步骤中,通过深入分析评估对象的专业背景,借助专家的知识和经验进行理论探讨,并使用综合归纳、公式推导等手段来构建指标体系的基础结构。根据市场的具体特性对这一结构进行调整,并确立所需的评估指标。

在定量分析步骤中,将应用多元统计分析和数据挖掘技术,重点解决多指标综合评估中的数学方法问题,这包括指标筛选技术、单个指标的评分方式以及多指标综合评估的方法等。需要指出的是,指标体系的内容并不具有通用性,必须根据不同市场的具体情况分别建立。然而,其基本原理和构建方法可以遵循一定的规范。通过上述的定性分析和定量分析两个阶段建立的指标体系,还需要在应用中不断检验指标体系的有效性,并逐步进行改进。

仅从财务角度对电网进行经济性分析,忽视了考虑电网本身的技术特点,不能有效反映投资对电网特性的改善,存在明显的限制[2]。因此,在设置经济性评价指标体系时应遵循以下基本原则:可操作性、透明性、完整性和无冗余性。规划经济性评估指标体系的建立中,因为评价指标体系的合理性直接影响到配电网降损规划经济性评价的质量,所以应从技术经济角度综合考虑规划方案的经济性,建立综合技术经济指标体系,将技术指标和经济指标相结合,构建电网技术降损规划经济性评估体系,其中包括技术经济评价和不确定性分析。该指标体系的建立充分体现了在确保电网安全、可靠和稳定运行的前提下,更加突出电网技术降损规划后的经济性。其中经济性的突出表现为对线损率指标权重的合理分配,这是与传统电网规划经济性评价不同的重要特点。这里提到的综合技术经济评价指标体系可细分为五大类别,包括规划目标类、配网设备类、电网结构类、财务效益类和国民经济类[3]。前三类指标属于技术经济的综合指标,而后两类则属于经济指标。

在技术降损规划经济性评价中,根据不同影响因素的属性,设立了 5 个一级指标:规划目标、配网设备、电网结构、财务效益和国民经济。每个一级指标包含若干个二级指标,共计 15 个二级指标。下面将详细介绍各二级指标的定义和计算公式。

1. 线损率(线路统计线损率):线路统计的线损率是通过电能表读数得出的,也就是将损失的电能量与供应的电能量进行比较得出的比率。其中损失电量等于供电量与售电量之差,其为值越小越好型指标。线损率的计算公式如下

$$\Delta A_L' = \frac{\Delta A_g - \Delta A_s}{\Delta A_g} \times 100\% \qquad (5-11)$$

式中,$\Delta A_L'$ 为待评线路统计损耗率;ΔA_g 为待评线路供电量,MW;ΔA_s 为待评线路售电量,MW。

2. 用户供电可靠率:指对于电网在统计期内的实际运行时间与统计期的比值,比值越高表示用户供电可靠率越高。用户供电可靠率的计算公式如下

$$RSI = \frac{T - T'}{T} \times 100\% \qquad (5-12)$$

式中,RSI 为用户供电可靠率;T 为统计期,h;T' 为实际运行时间,h。

3. 电压合格率:这是指在规定的电压波动范围内,实际运行电压所累积的供(用)电量与总供(用)电量之间的比例,这个比例反映了供(用)电过程中电压质量水平。电压合格率越高,电压质量越好。电压合格率的计算公式为

$$\eta = \left(1 - \frac{Q_y}{Q}\right) \times 100\% \qquad (5-13)$$

式中,Q_y 为电压超限供(用)电量,MW;η 为电压合格率;Q 为总供(用)电量,MW。

4. 导线截面积的合规率:线路中导线的截面积大小与其损耗程度存在直接联系,其为值越大越好型指标。导线截面积合格率的计算公式如下

$$S = \frac{I_{\max}}{j} \qquad (5-14)$$

式中,$I_{\max}$ 为导线最大电流,A;S 为导线截面积,mm^2;j 为经济电流密度,A/mm^2。

5. 电缆化率:指规划电网电缆线路的总长度与总线路长度的比值,其为值

越大越好型指标。电缆化率的计算公式如下

$$K=\frac{L'}{L}\times100\% \tag{5-15}$$

式中,K 为电缆化率;L' 为规划电网电缆线路的总长度,km;L 为规划电网总线路长度,km。

6. 配变负载率合格率:变压器负载比率指的是变压器当前承受的负载量与其额定容量之间的比例。其为值越大越好型指标。变压器负载率 β 的计算公式如下

$$\beta=\frac{P}{S_N} \tag{5-16}$$

式中,S_N 为待评价变压器的额定容量,MVA;P 为待评价变压器的实际承担负荷,MW。

$$\beta_{jz}=\sqrt{\frac{P_o}{P_K}} \tag{5-17}$$

$\beta_{jz}^2 \leqslant \beta \leqslant 1$ 为变压器的经济运行区域。配变负载率合格率 η_9 计算公式如下

$$\eta_9=\frac{k_n}{k_\Sigma}\times100\% \tag{5-18}$$

式中,β_{jz} 为有功经济负载系数;k_Σ 为线路中所有待评价配电变压器总数;η_9 为配变负载率合格率。

7. 线路负荷率:线路负载比率指的是电网在一定时间内的平均负荷量与其最大负荷量的比例。当这个比例越接近于 1 时,越有助于减少损耗和节约能源。因此,它是衡量用电均衡程度的指标,线路负荷是否合理直接影响了该线路的安全、合理、经济运行。待评价线路负荷率 k_f 公式如下

$$K_f=\frac{P_L}{P_{\max}}\times100\% \tag{5-19}$$

式中,$P_{\max}$ 为待评价线路一定期间内的最高负荷,MW;K_f 为待评价线路负荷率;P_L 为待评价线路一定期间内的平均负荷,MW。

8. 线路的容量比率:这个指标展示了线路、变电站或变压器的安装容量与其历史最高运行容量之间的联系,反映了容量的备用状况。线路的容量比率已

经成为评估该线路容量大小的一个关键指标。根据《城市电力网规划设计导则》规定：220 kV 电网为 1.6～1.9；35～110 kV 电网为 1.8～2.1。而对 10 kV 配电网的取值未给出一个参考范围，因此应根据配电网的实际情况确定线路容载比的隶属度模型参数。待评价线路的容载比 k_c 的计算公式如下

$$K_c = \frac{\sum S}{\sum P} \qquad (5-20)$$

式中，$\sum S$ 为待评价线路所有配电变压器总容量，MVA；$\sum P$ 为待评价线路所有配电变压器的供电总负荷，MW；K_c 为待评价线路的容载比。

9. 无功补偿容量占变电容量百分比：指同电压等级的无功补偿容量与主变容量的百分比，该指标没有统一的评分标准。为区间型指标，无功补偿容量占变电容量百分比 K_Q 的计算公式如下

$$K_Q = \frac{Q_c}{Q_m} \times 100\% \qquad (5-21)$$

式中，K_Q 为无功补偿容量占变电容量百分比；Q_c 为无功补偿容量，Mvar；Q_m 为主变容量，MVA。

10. 平均单条线路的配电容量：指 10 kV 及以下配变总容量（公变容量＋专变容量）与线路总条数的比值，该指标没有统一的评分标准。为区间型指标，平均单条线路的配电容量 S_d 的计算公式如下

$$S_d = \frac{Q_d}{N} \times 100\% \qquad (5-22)$$

式中，S_d 为平均单条线路的配电容量，MVA；Q_d 为配变总容量，MVA；N 为线路总条数，条。

11. 净现值（NPV）：它是用来衡量项目在预定计算期间盈利潜力的动态评估标准，其为值越大越好型指标。净现值的计算公式为

$$NPV = \sum_{t=1}^{n} (CI - CO)_t (1 + i_c)^{-t} \qquad (5-23)$$

式中，CI 为第 t 年的现金流入，万元；CO 为现金流出，万元；n 为规划年限，年；i_c 为电力工业财务基准收益率。

当 $NPV \geqslant 0$ 时，方案可行，即该方案在财务上是可以考虑接受的。

12. 投资回收期：它是衡量一个项目财务偿还能力的关键时刻表，其为值

越小越好型指标。投资回收期的计算公式为

$$P_0 = \sum_{t=1}^{P_t} R_t \tag{5-24}$$

式中，P_0 为初投资，万元；P_t 为投资回收期，年；R_t 为每年的净收益，万元。

将 P_t 与电力工业投资基准回收期 P_c 相比较，当 $P_t \leqslant P_c$ 时，认为项目在财务上是可行的。

13. 内部收益率：把使 NPV 为零时的贴现率 i 定义为该投资项目的内部收益率(IRR)，其为值越大越好型指标。内部收益率的计算公式为

$$\sum_{t=0}^{n} \frac{P_t}{(1+i^*)^t} = 0 \tag{5-25}$$

式中，P_t 为净现金流，万元；n 为项目寿命，年；i^* 为待求的内部收益率。

14. GDP 增长率：GDP 增长率是宏观经济的四个重要观测指标之一，其为值越大越好型指标。GDP 增长率的计算公式如下

$$k = \frac{GDP_N - GDP_B}{GDP_B} \times 100\% \tag{5-26}$$

式中，GDP_N 为本期 GDP，亿元；GDP_B 为上期 GDP，亿元；k 为 GDP 增长率。

15. 人均用电量：目标规划年总用电量与规划地区总人数的比值，该指标没有统一的评分标准。人均用电量 Q_P 的计算公式如下

$$Q_P = \frac{Q_S}{N_P} \times 100\% \tag{5-27}$$

式中，Q_P 为人均用电量，MW·h/人；Q_S 为目标规划年总用电量，MW；N_P 为地区总人数，人。

5.2 技术降损规划经济性评估流程

电网技术降损规划经济性评价是指根据技术经济、财务效益等指标判断规划项目是否经济可行，是否能达到节能降损的规划效果。随着决策层次的不断深入，规划内容的不断完善，对评估工作的本身要求也逐渐提高，评价工作必须体现出客观性、科学性及全面性。此外随着被评价对象的日益复杂化，评估过程还需纳入众多非结构化、半结构化、不明确和灰色地带的因素进行考量。电网技术降损规划经济性评价问题是电力工业多因素决策过程中所遇到的带有普遍意义的问题。而技术降损评价系统是用于评估电力输电系统中损耗降低技

术的工具或方法。这种系统的设计和使用旨在帮助电力系统运营者、规划者和工程师确定如何改进输电系统,以减少能量损耗、提高效率以及降低运营成本。技术降损规划经济性评估在区域电网降损规划中所处的位置如图 5-1 所示。

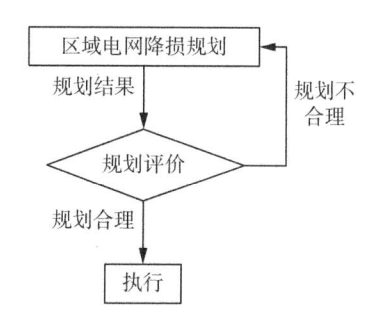

图 5-1 电网技术降损规划经济性评估示意图

以下是技术降损评价系统的一般组成和功能:

1. 数据收集与管理

评价系统需要收集和管理有关电力输电系统的大量数据,包括网络拓扑、负荷数据、线路参数、变压器参数、电流和电压测量数据等。这些数据用于模型构建和分析。

2. 建模和仿真

评价系统通常包括电力系统模型,这些模型用于模拟输电系统的运行。这些模型可用于模拟不同的操作和规划方案,以评估其对损耗的影响。

3. 损耗估算

评价系统用于估算输电系统中的损耗,包括导线损耗、变压器损耗、传输损耗等。这些损耗通常以功率损耗的形式表示。

4. 技术评估

评价系统允许用户评估不同的技术应用,如升级电缆、改进变压器效率、优化电流负荷分配等。用户可以模拟这些技术的效果,并比较它们的性能和成本。

5. 经济性评估

系统通常包括经济性评估工具,用于计算不同技术和规划方案的成本和效益。这可以包括成本-效益分析、净现值(NPV)计算、内部收益率(IRR)计算等,以确定哪种技术或规划方案是最经济的。

6. 可视化和报告

评价系统通常具有可视化工具,可以将评估结果以图形和报告的形式呈现给用户。这有助于用户更好地理解评估结果和决策。

7. 决策支持

这些系统的主要目标是为电力系统决策提供支持。它们提供了基于数据和分析的决策建议，帮助规划者和运营者做出关于技术改进和投资的决策。

8. 监测和调整

一旦技术应用或规划方案得以实施，评价系统还可以用于监测系统性能，并在需要时进行调整。这有助于确保实际效果与预期一致。

总的来说，技术降损评价系统是电力输电系统规划和运营的重要工具，它们帮助决策者在改进系统效率和降低成本方面做出明智的决策。这些系统结合了数据管理、模拟、经济分析和决策支持功能，以实现电力系统的持续优化。接下来主要就技术降损规划经济性评估进行说明，技术降损规划经济性评估有具体的流程和指标体系。

技术降损规划方案整体评估流程可分为以下四个阶段：

1. 项目可行性分析阶段

项目可行性分析是对规划项目进行全面研究和评估，以确定项目是否具备实施的可行性等因素。该阶段的分析旨在评估技术降损规划方案的可行性，并为后续的评估和决策提供依据。

项目可行性分析阶段包括以下主要内容：

（1）数据收集和分析：收集与技术降损规划项目相关的数据，包括现有设备的性能指标、运行情况、维护成本等。对这些数据进行分析，了解当前状况和潜在问题。

（2）可行性评估：对技术降损规划项目进行可行性评价，考虑技术、经济、环境和法律等因素。分析项目的技术可行性，即所选方案是否能够实施和达到预期效果。同时，进行经济可行性评估，包括成本、效益、投资回报率等指标的分析。

（3）风险评估：评估项目实施过程中可能遇到的风险和不确定性因素。识别潜在的风险，如技术风险、市场风险、供应链风险等，并进行定性和定量分析。

（4）可行性报告：撰写项目可行性报告，总结可行性分析的结果和结论。报告应包含对技术降损规划项目的可行性评估，明确项目的优势、风险和限制，并提供决策者做出是否继续推进项目的依据。

最后根据规划项目可行性研究工作程序框图，对规划项目进行详细可行性研究。如果方案可行，则进入方案初审阶段；如果不可行，则对方案进行修改，直至满足要求。

2. 初审阶段

初审阶段的主要目标是初步评估技术降损方案的可行性,并确定是否值得继续深入分析。初审阶段的一般步骤和要点:

(1) 项目背景和目标明确:在初审阶段,首先需要明确项目的背景和目标。这包括识别电力输电系统中存在的问题,如能量损耗较高,系统效率较低等,并明确希望通过技术降损措施达到的目标,如减少损耗、提高系统可靠性等。

(2) 数据收集和预处理:收集与项目相关的数据,如电网拓扑、负荷数据、设备参数、电流电压数据等。这些数据用于初步分析和模型构建。在此阶段,可能需要进行数据清洗和处理,以确保数据的准确性和一致性。

(3) 初步技术选项筛选:根据项目的背景和目标,初步筛选可能的技术选项。这些选项可以包括改进线路、变压器更换或升级、优化负载分配等。

(4) 初步成本估算:对初步的技术选项进行高层次的成本估算。这些估算可以是粗略的,但需要提供一个大致的成本范围,以便在初审阶段评估项目的经济性。

(5) 初步效益评估:对每个初步的技术选项进行初步效益评估,包括估算能量损耗的减少、系统效率的提高等。这些效益估算也可以是粗略的,但有助于初步了解项目的潜在效益。

(6) 初步经济性分析:使用高层次的经济性分析工具,如净现值(NPV)、投资回报率(ROI)等,对每个初步的技术选项进行初步经济性评估。这有助于初步确定哪些选项具有较高的经济潜力。

(7) 决策制定:基于初审阶段的结果,决策者需要评估是否继续进行更详细的技术降损规划经济性评估。在这个阶段,主要评估规划的配电网降损方案中的线损率是否优于现有电网。如果方案符合要求,它将继续进入复审阶段。如果不符合要求,方案将被退回以进行修改,直到达到要求为止。

3. 复审阶段

一旦各方案在初审阶段都满足了要求,将会进入更详细、更深入的复审阶段,进行技术和经济指标的综合评估。这个阶段的目标是确定最终的降损规划方案。复审阶段的一般步骤和要点:

(1) 深入数据收集和预处理:在复审阶段,需要进一步深入收集与项目相关的数据,包括更详细的电网拓扑、负荷数据、设备参数等。同时,对数据进行更为精确的清洗和处理,以确保数据的准确性和一致性。

(2) 技术方案细化:对初审阶段选定的技术方案进行进一步细化和优化。这可能包括详细的工程设计、设备选型、施工计划等。

(3) 详细成本估算:对经过细化的技术方案进行详细的成本估算,包括设备采购成本、安装成本、运营维护成本等。这些成本估算需要尽可能准确反映实际投资所需的费用。

(4) 详细效益评估:进一步细化对每个技术方案的效益评估,包括更准确的能量损耗减少估算、系统效率提升等。同时,考虑到可能的影响因素,如未来负荷增长等。

(5) 经济性分析和指标计算:使用更详细的经济性分析工具,计算净现值(NPV)、投资回报率(ROI)、内部收益率(IRR)等指标,以评估每个技术方案的经济性。

(6) 风险评估:对项目实施可能面临的风险进行评估和分析,包括技术风险、市场风险、政策风险等。这有助于确定在实施阶段需要采取的风险管理措施。

(7) 决策制定:根据复审阶段的结果,决策者需要评估每个技术方案的经济性和风险,并确定是否值得进一步确定最终方案。

4. 不确定性分析阶段

最后,在确定最终方案之前,对该方案进行不确定性分析。不确定性分析是评估项目经济性时非常重要的一步,因为在实际项目中存在许多不确定因素,如成本波动、市场变化、技术可行性等。不确定性分析有助于评估项目在不同不确定情况下的风险和潜在回报。这包括考察项目的抗风险性和应变能力,以确保它在不稳定因素和风险方面具备足够的韧性。以下是技术降损规划经济性评估流程中的不确定性分析的主要步骤和考虑因素:

(1) 参数敏感性分析:在不确定性分析的开始阶段,识别关键参数,如成本、效益、市场价格等,这些参数对经济性评估结果的影响可能最大。通过变化这些参数的值,观察对项目经济性指标(如 NPV、ROI)的影响,以确定参数的不确定性如何影响项目。

(2) 蒙特卡洛模拟:蒙特卡洛模拟是一种常用的不确定性分析方法,它通过随机抽样参数值的分布来模拟不确定性。模拟可能的不同情景,多次运行经济性模型,以获得一系列可能的结果。这可以用来评估项目经济性指标的分布和风险。

(3) 风险分析:在不确定性分析中,要特别关注项目可能面临的风险因素,如技术风险、市场需求波动、政策变化等。评估这些风险的概率和影响,并考虑采取风险管理措施的成本和效益。

(4) 情景分析:除了蒙特卡洛模拟,还可以进行情景分析,即在不同的假设情景下评估项目的经济性。例如，考虑不同的市场价格、通货膨胀率、贷款利率等情景，并分析它们对项目指标的影响。

（5）灵敏度分析：灵敏度分析是一种将参数的不同值与项目指标的变化关联起来的方法。通过绘制参数与经济性指标之间的关系图，可以识别出对项目最敏感的参数，以及它们的敏感性程度。

（6）决策树分析：对于具有多个决策节点和可能的不确定性事件的复杂项目，决策树分析可以帮助决策者更好地理解不确定性对决策的影响。它可以帮助确定最佳的决策路径，并考虑不同决策可能导致的不同结果。

（7）报告和解释不确定性：在不确定性分析完成后，需要撰写一份详细的报告，清晰地解释不确定性分析的结果，包括可能的风险、概率分布、关键参数和敏感性分析的结论。这将有助于决策者更好地理解项目的风险和潜在回报。

通过这四个阶段的评估，可以确保技术降损规划方案在技术和经济上都是可行的，并具备足够的抗风险性，以应对不确定性因素。这个流程有助于确保项目的成功实施和长期运营。

5.3 基于模糊评价法的技术降损规划项目经济性评估

可以选用模糊综合评价方法对配电网降损规划方案进行综合经济性评估。模糊综合评价方法是一种多指标决策方法，是一种用于处理信息模糊、不确定性和主观性的评价方法。它常用于多指标综合评价问题，能够将不同指标的信息进行综合、加权，得出综合评价结果。该方法的核心是模糊逻辑理论，它引入模糊集合和隶属度的概念来描述评价指标的模糊性。在进行模糊综合评价时，首先需要将评价指标转化为模糊集合，即将定量指标转化为具有隶属度函数的模糊数值。隶属度函数表征了指标在某一特定取值下的模糊程度。

接下来，在模糊综合评价过程中，需要确定权重，即各个评价指标的重要性权重。通常可以通过主观赋权、客观统计等方法来确定权重。然后，利用模糊逻辑运算规则，将模糊集合和权重进行综合运算，得出最终的综合评价结果。模糊综合评价方法在实际应用中具有一定的优势。它能够有效地处理指标信息的模糊性和主观性，更好地反映评价对象的真实情况。同时，由于引入模糊集合和隶属度的概念，该方法可以较好地处理指标之间的相互影响和权重的不确定性，提高评价的准确性和合理性。值得注意的是，在使用模糊综合评价方法时，需要对评价指标的隶属度函数和权重的确定进行合理的设定，并且在进行综合评价时要注意对模糊数值进行正确的运算和推理，以确保评价结果的可靠性和有效性。模糊集理论适用于处理评价指标具有模糊性或不确定性的情况,将模糊集合和模糊逻辑运算引入评价过程,通过模糊求解方法对模糊评价问题进行定量分析和决策。在传统的评价方法中,指标之间的关系通常是确定性的,而模糊综合评价方法允许评价指标之间的关系具有模糊性或不确定性。它考虑到现实问题中评价指标的主观性和不精确性,并能够更好地处理信息的不完全性和不确定性。

模糊综合评价方法的一般步骤包括:

1. 确定评价指标:根据具体问题确定评价的指标,并进行量化描述。

2. 构建模糊评价矩阵:根据专家经验或数据,将评价指标的取值范围进行划分,构建模糊评价矩阵,用模糊集合表示指标的模糊程度。

3. 设定评价权重:根据指标的重要性和专家意见,确定各个指标的权重,用于评价结果的综合计算。

4. 进行隶属度函数设定:对于每个指标,设定其隶属度函数,用于描述指标值对应的模糊程度。

5. 模糊综合评估模型:根据指标的权重和隶属度函数,采用模糊逻辑运算(如模糊加权平均、模糊加法等)对各个评价指标进行综合计算,得到模糊评价结果。

6. 解模糊化:对模糊评价结果进行解模糊化处理,将其转化为确定性的数量结果,以便进行比较和决策。

模糊综合评价方法允许考虑多个指标,并通过模糊推理和模糊运算方式进行综合评价,能够在信息不完全或模糊的情况下,提供一种定量评价和决策的方法。

选用模糊综合评价方法对配电网降损规划方案进行综合经济性评估时基本步骤如下:

1. 确定评估对象。对于单一规划方案评估,评估对象为规划方案和现状电网;对于多方案评估,评估对象为多个规划方案和现状电网。

2. 建立评价指标体系,即因素集的构建。评价指标体系需要从实际降损规划文本中提取出所有规划指标,并能够反映规划后效果的主要技术经济指标。

3. 确定评分标准,即评判集的确定。邀请多位专家根据模糊隶属度法,为已确定的评价指标选择评价判据和评分标准。

4. 进行单因素模糊评价并得到评价矩阵。首先对因素集 U 中的每个因素进行评价,得到评价对象在判断集中对各元素的隶属程度。例如,可以采用同行评议统计方法来确定隶属度。

5. 确定指标权重,即权重集的确定。为反映各因素的重要程度,为每个因

素 u_i 赋予相应的权重 a_j，表示单因素综合评价的能力和贡献程度。

6. 进行模糊综合评价，得到最终评价结果。运用结合层次分析法的模糊综合评判模型进行综合评判打分。计算公式为

$$S^{(k+1)} = \sum_{j=1}^{n} S_j^{(k)} a_j^{(k)} \qquad (5-28)$$

式中，$S^{(k+1)}$ 为层次结构中第 $k+1$ 层某属性 $A^{(k+1)}$ 的评分；n 为第 k 层子属性个数；$S_j^{(k)}$ 为第 k 层子属性 j 的评分；$a_j^{(k)}$ 为子属性 j 的权重。

5.4 规划方案的不确定性分析

电力技术经济分析评价的数据来源存在一定偏差和误差，其中基础数据经常受到预测和估计的影响。这些偏差与误差无疑会对电力技术经济评估造成影响，可能会使评估结果偏离预期，从而为项目的投资方和运营者带来潜在的风险。不确定性分析帮助项目评估者更好地了解项目的风险和可能的变动，并提供决策依据。因此，需要了解不确定性因素对配电网降损规划经济评价结果的影响程度。

电力规划项目技术经济评价中的不确定性分析主要包括以下四种方法：

1. 盈亏平衡分析

盈亏平衡分析是一种广泛应用于生产管理的技术，重点在于研究固定成本、可变成本（或单位成本）与售价（或单位销售价格）之间的关系。确定项目达到收支平衡的点，有助于预测产品产出量对项目盈亏状况的影响。

在电力规划技术经济评价中，主要分析售电量、电价、成本和收益之间的相关关系。在盈亏平衡分析中，评估者将项目的成本和收益进行比较，找到一个特定的点，该点下项目的总收益等于总成本，即不盈不亏的情况。这个点被称为盈亏平衡点，也被称为贡献边际点或无利润点。

盈亏平衡分析通常涉及以下几个关键概念：

（1）固定成本：固定成本是指在项目运营期间不随产量变化而固定的费用，如设备购置费用、租金、工资等。

（2）可变成本：可变成本是随项目产量变化而变化的费用，如燃料费用、操作维护费用等。

（3）总成本：总成本由固定开支和变动开支组成，它反映了在特定产量下项目的运行成本。

（4）总收益：总收益是项目在给定产量下的收入，通常是销售收入减去相

关的可变成本。

需要注意的是,盈亏平衡分析仅是一个静态的分析方法,假设成本和收益不受其他因素的影响。在实际应用中,还需要考虑市场需求变化、价格波动等动态因素,综合考虑项目的长期经济可行性。

2. 敏感性分析

敏感性分析是在给定一系列假设条件下,确定某一独立变量在不同值时对另一独立变量影响程度的技术手段。该分析技术适用于特定边界范围内,其依赖于一个或多个输入变量。在敏感性分析中,不确定性因素主要包括投资额、成本、收益、价格和产量等。敏感性分析的目的是为了帮助评估者了解项目潜在的风险和不确定性,并提供对决策的指导。它可以回答一些关键问题,例如:

(1) 关键因素识别:敏感性分析可以帮助评估者确定哪些因素对项目经济性最为敏感,哪些因素对项目结果的影响较小。这有助于集中关注高风险因素,并制定相应的风险管理策略。

(2) 结果稳健性:通过分析不同变动下的经济指标变化趋势,评估者可以了解项目经济性在不同情景下的表现。这有助于评估项目的稳健性和弹性,提供更全面的决策依据。

(3) 灵敏度评估:敏感性分析可以量化不同参数变化对项目经济指标的影响程度,评估者可以通过这些敏感度指标来对比和评估不同策略或方案的优劣。

3. 风险分析

由于投资项目的现金流量、寿命期限和利率等不仅受到外部条件的限制,而且受到内部条件的影响,在实际经济活动中,一个拟建项目的所有未来结果都存在不确定性。不同项目的不确定性程度不同。当不确定性较小或可以忽略时,可以将其视为确定性项目处理;然而,当不确定性较大时,需要进行风险分析和不确定性决策分析。这样的分析有助于:

(1) 风险识别:通过综合分析项目的内部和外部环境,识别出可能对项目经济性产生负面影响的关键风险因素。这可以包括技术风险、市场风险、政策风险、财务风险等。

(2) 风险评估:对已识别的风险因素进行定性和定量评估,包括评估其概率、影响程度和持续时间等方面。这可以帮助评估者理解不同风险对项目经济指标(如 IRR、NPV)的潜在影响。

(3) 风险应对策略:通过分析各种风险事件的发生概率和影响程度,评估者可以制定相应的风险管理和应对策略。这包括规避风险、减轻风险、转移风险、接受风险等措施。

常用的风险分析方法包括风险识别矩阵、风险概率影响图、蒙特卡洛模拟等。

4. 不确定性分析

不确定性分析与风险分析的主要区别在于对未来状况发生可能性的估计。如果可以确定未来状态的概率,则属于风险条件下的决策分析;如果无法确定未来状态的概率,则属于完全不确定条件下的决策分析。

通过以上四种方法的分析,可更好理解不确定性因素对配电网降损规划经济评价结果的影响程度,支撑明智的决策和规划。

六、技术降损评价案例

6.1 技术降损综合分析思路

1. 调整电网负荷结构,提高变压器经济运行水平

用电高峰期将重载变电站负荷调整到临近轻载变电站,同时调整主变负载侧母线负荷,使变电站内多台主变负载趋于平衡,降低单台主变最大负载率;同时,通过调整 AVC 控制策略、督促大用户增加无功补偿设备等手段,加强无功分层、分区平衡、就地平衡,减少电网无功输送,从而降低变压器负载率。

轻载变电站都是双主变运行,为保障电网供电可靠性,暂不考虑停运一台变压器的方案。建议调整部分周边负荷到轻载变电站,提升主变运行经济性,同时,随着周边配套逐渐发展,主变经济运行时长逐步增长。

2. 提升地区无功电压管理

(1) 变电站无功补偿容量不足的,根据变电站无功缺额对电容器组进行增容改造;无功补偿容量过大的电容器组进行设备改造,在变电站 10 kV 侧配置紧凑型压控调容集合式电容器成套装置,通过调节电容器运行电压的方式实现无功补偿的分组容量输出,从而解决电容器组频繁投切、投入受阻的问题。

(2) 加强电容器组的运维检修工作,按照有序消缺时序加快 AVC 受控设备的修复,同时对频繁投切电容器易损件进行技术改造,将断路器换成相控永磁断路器,提升电容器组的利用率和使用寿命。

(3) 通过控制策略调整充分发挥 AVC 自动化控制优势,一是根据变电站负荷特征分时段合理配置受控设备动作次数,避免发生高峰负荷时因受控次数受限导致电容器难以投入,以及负荷低谷时段电容器难以切除问题;二是分析变电站负荷特性,遵循高峰负荷时电压贴上限运行,低谷负荷时电压贴下限运行的控制原则;三是根据九域图无功电压控制原理,制定变压器分接头调档和电容器组投切的组合控制策略,兼顾电压合格与无功平衡,减少分接头和电容器动作次数,避免频繁动作,提升设备利用率和使用寿命;四是采用电容器循环投切策略,解决无功补偿电容长期不动作或同一补偿电容频繁动作的问题,提

升设备利用率和使用寿命。

3. 加强用户站无功就地平衡管理

利用技术降损评价分析数据,重点跟踪无功补偿不合理的用户变电站,对于因从系统吸收大量无功,造成严重损耗的输电线路的情况,由营销部督促用户及时整改,调整无功补偿措施,实现无功就地平衡,杜绝无功长距离输送。

4. 加强地区无功电压管理,提升配变功率因数

对于本次技术降损评价工作发现的功率因数较低的配电变压器,现场逐个核查无功补偿装置状态,逐个消缺并恢复运行。通过"用采"(用电信息采集)系统对配变无功补偿装置加强监测,对功率因数长期低于0.95的配电变压器,进行现场检查和定期更换,实现无功设备的全生命周期管理。

5. 三相不平衡治理

(1) 治理发现的三相不平衡配电台区

对于本次技术降损评价工作发现的三相不平衡的台区,进行人工核相,然后根据电量统计数据和台区拓扑计算三相负荷最佳调整方案,再去现场按方案调整三相负荷,最后通过"用采"数据观测调整效果。

(2) 源头管控

一是新建台区加强负荷分配设计,综合考虑客户用电量、负荷特征、进户线入户点等相关要素,在此基础上合理进行配变选址、主次干线路径及表箱布点,降低投运后出现三相不平衡度过高的概率;二是强化用户接入管控,完善低压用户接入审批流程,低压用户接入时对三相负荷进行评估,合理选择所接相序,最大限度保障负荷平衡分布。

6. 提升线路经济运行水平

(1) 合理规划线路负载分布

梳理轻载和重载线路大用电客户明细,将不同时间段用电的客户整合至一条线路上,避免单一线路负荷随时间和季节分布不均。

(2) 充分利用本次技术降损分析评价数据,优先对重载运行时间较长,安全隐患较大的线路进行导线截面升级改造。

(3) 合理分割大容量用户负荷,严查超容用电,增加大容量用户电源点,将其负荷分摊至多条线路,避免引起线路重载。利用"用采"系统严查用户超容用电,对超容用电的用户要求其办理增容手续,并对电源进行优化。

(4) 新增配电线路上级电源。快速发展区域变电站预留规划工作,提升变电站布点工作,在缺乏变电站区域加快变电站的布点建设工作,优化超长线路供电半径,切改负荷分配不合理的老旧线路,减少后段负荷容量,避免线路重载。

7. 新技术、新设备的探索及应用

(1) 升级变电站电容器断路器为智能涌流抑制断路器

供电辖区内一部分变电站无功补偿电容由于设备老旧,运行过程中故障频发,不能起到改善电网功率因数,降低损耗的作用,对电网的电压质量和安全经济运行有较大影响,针对这一部分设备,考虑将电容器断路器更换为智能涌流抑制断路器,将原电容器更换为分相电容器。

相比于传统的电容器断路器,智能涌流抑制断路器采用永磁技术、真空技术、微电子技术集成一体化的设计方案,将继电保护、测控等综合自动化技术与相控技术无缝结合,有效提高控制灵敏度及精确度,具有很高的稳定性和可靠性;结构简单,可实现频繁操作,其机械寿命高达 50 000 次、短路电流开断次数高达 200 次,其间不需要任何维护和调整,在 30 年寿命期内完全免维护,因此延长了产品更新换代的周期,节省了后期的维护费用;提高了无功补偿设备的运行效率。

(2) 无功补偿电容的配置方案优化

对于背景谐波含量较低的配电台区,采用高可靠性智能低压无功补偿(含串联电抗器)装置,通过共补加分补的形式,合理串联电抗器的电抗率,实现配电台区常规无功补偿的功能,并提高装置的使用寿命。

对于背景谐波含量较高的配电台区,采用低压智能混合型无功补偿装置,通过全分相补偿的形式,实现配电台区的基准无功补偿;采用有源滤波加无源滤波的形式,消除背景谐波。通过合理设置有源滤波容量进行背景消谐,提高无源补偿设备的寿命和运行可靠性。

对于存在三相不平衡的配电台区,采用高可靠性全分相智能低压无功补偿(含串联电抗器)装置,通过智能分相控制保护器,实现对单相负荷的精确补偿,有效降低三相不平衡度。

6.2 技术降损综合分析实际案例

某市供电面积 2.75 万平方千米,供电人口 500 余万人。近年某年度售电量 91.41 亿千瓦时,综合线损率 7.5%,典型负荷代表日理论计算线损率 7.89%(典型日 7 月 26 日,代表日最大负荷 1 447.10 兆瓦时),城、农网综合电压合格率分别为 99.99%、99.49%。

截至该年年底,公司 35 千伏及以上交流变电站 159 座,主变 243 台,变电总容量 7 035.1 兆伏安;10 千伏及以上容性无功补偿装置 237 组,容量 998.038 兆乏。35 千伏及以上输电线路 350 条,线路总长度 6 905.578 2 千米;

10(20/6)千伏公变 19 954 台,配电总容量 4 261.38 兆伏安;10(20/6)千伏配电线路 784 条,线路总长度为 20 959.109 千米。

公司主要存在的问题如下:
(1) 电网结构薄弱,负荷分布不均,变压器运行不经济。
(2) 电网变电站 AVC 接入率低,电压自动调节能力差。
(3) 地区水电丰富,存在丰水时上网通道受限和消纳不足的问题。
(4) 高电压问题突出,调节手段受限。
(5) 容性、感性无功配置不足,无功电压调节受限。
(6) 地域面积大,总体负荷小,变压器非经济运行占比大。
(7) 高峰负荷时主设备重过载问题依然突出。
(8) 农配网结构及设备状况差,经济运行水平低。
(9) 配变技术改造降损空间较大。

基于上述分析,本章结合该年电网运行状态,围绕变电设备、输电线路、配电设备、配电线路开展降损分析,全面梳理电网网架、设备选型、经济运行现状,查找薄弱环节,提出针对性降损措施及项目计划。

6.2.1 配电变压器降损改造

1. 数据收资

收集 10 kV 配电线路理论线损计算相关数据,包括线路各设备模型档案参数、物理拓扑连接关系及其运行数据。同时,监测档案数据、元件参数、拓扑关系、运行数据是否完整、合理,其中的监测项是 10 kV 线路理论线损计算重要影响因素,检查模型数据是否满足线损计算要求,保证理论线损计算相关多维数据的完整性、一致性和有效性。

2. 开展常态化理论线损计算

借助理论线损计算工具,基于收资数据常态化开展某线路理论线损计算,得出该线路各设备损耗明细,包括各导线段损耗,各变压器铜、铁损及变压器负载率结果。

3. 高损设备降损分析

基于常态化理论线损计算结果,对该线路重过载且高损的配电变压器进行分析定位。某线路重过载高损配变共计 11 台,需结合其历史负荷数据及不同型号配变能效特性对其进行科学、精准的配变辅助选型仿真分析。

4. 配变辅助经济选型

基于配变辅助经济选型工具,针对配变投运后频繁重过载现象,紧密结合配变能耗特性和台区用户历史用电负荷曲线,给出各重过载配变最佳经济容量选型建议,最大化避免配电设备长期重过载问题。

5. 配变降损改造案例

某配变改造措施：某配变,原变压器为 S9-315,空载损耗为 0.67 kW,额定负载损耗为 3.65 kW,改造前平均负载率为 57%,此次改造将该变压器更换为 S13-400,空载损耗为 0.4 kW,额定负载损耗为 4.3 kW,改造后平均负载率为 44.89%,通过本次改造产生年节电量 5 149.726 2 kW·h。

其余配变改造措施类似。

6. 整体成效分析

案例中区域合计改造配变 11 台,改造后合计产生年总节电量 3.73 万 kW·h。

6.2.2 配电线路升级改造

1. 数据收资

收集某 10 kV 配电线路理论线损计算相关数据,包括线路各导线模型档案参数、物理拓扑连接关系及其运行数据。同时,监测档案数据、元件参数、拓扑关系、运行数据是否完整、合理,其中的监测项是 10 kV 线路理论线损计算重要影响因素,检查模型数据是否满足线损计算要求,保证理论线损计算相关多维数据的完整性、一致性和有效性。

2. 开展常态化理论线损计算

借助理论线损计算工具,基于收资数据常态化开展某线路理论线损计算,得出该线路各设备损耗明细,包括各导线段损耗及负载率结果。

3. 配电线路降损评价

基于理论线损计算结果及配电线路运行数据,开展配电线路降损评价,主要分为导线截面评价、配电线路经济运行评价及配电线路降损分析。

(1) 导线截面评价

参照《配电网运维规程》,案例区域架空线路不满足标准的主干线路长度 281.47 千米,占比 1.41%,不满足标准的支线长度 7 916.23 千米,占比 39.70%。电缆线路不满足标准的主干线路长度 0.149 千米,占比 0.01%,不满足标准的支线长度 3.435 千米,占比 0.34%。

(2) 配电线路经济运行评价

案例区域处于频繁重过载配电线路共计 14 条,占比 1.79%。

(3) 配电线路降损潜力分析

从电网安全、经济等维度综合分析,案例区域部分配电线路存在降损潜力,需要逐一深入开展论证分析,采取有效降损措施,降低电网损耗。

截至年底,案例区域配网线路互联互供通过率低,重载线路较多,配电线路经济运行水平不高;老旧存量线路较多,至今仍有大量的高、低压线路未经改造,网架结构及线路质量较差。

4. 重损导线段降损分析

针对因卡脖子、高负载等导线段造成的配线高损问题,基于理论线损计算结果,准确识别并定位重载或过载状态的关键导线段,计算经济负载区间的经济电流容量,根据经济电流容量计算结果指导配线合理选型,为后续的降损立项工作提供科学指导,有效提升配电线路的经济运行水平。

5. 高损配线改造方案

以 10 kV 某线线路改造措施为例,改造前导线型号为 LGJ-50,导线路径长度为 28.43 km,导线单位长度电阻为 0.63 Ω/km,改造后采用碳纤维导线,型号为 LGJ-120,导线路径长度为 28.43 km,导线单位长度电阻为 0.242 Ω/km,改造前该条线路线损率为 5.72%,改造后该条线路线损率为 2.26%,降低了 3.46 个百分点,合计产生年总节电量 20.97 万 kW·h。

其余线路采用的改造措施类似。

6. 整体成效分析

改造前案例区域配电线路线损率为 5.38%,改造后下降至 2.54%,降低了 2.84 个百分点,合计产生年总节电量 1 085.47 万 kW·h。

6.2.3 其他设备升级改造

案例区域其他设备如主变、输电线路等,改造流程与上述配电变压器经济选型、配电线路升级改造流程类似,这里不做详细展开,仅简要介绍具体改造方案及其改造成果。

1. 变电设备升级改造

变电设备升级改造主要涉及变电站主变改造、无功补偿配置应用改造、并列运行变压器开停控制三个方面,具体如下。

(1) 变电站主变改造

结合案例区域主变基础参数及运行负荷数据开展深入分析,定位该区域由于重过载运行导致的高损主变,并基于分析结果对该区域 2 台 35 千伏主变开展增容改造,优化变电站容载比,包括针对 35 kV 某变电站,某变#2 主变,将原变压器型号 SZ10-5000/35 更换为 SZ10-6300/35；针对 35 kV 某变电站，某变#1 主变，原变压器型号 SZ10-5000/35 更换为 SZ10-6300/35，旨在有效降低由于主变容量不足造成的高损。

改造前两台主变的年平均负载率分别为 62.51%、63.09%，改造后分别下降至 32.15%、31.82%，分别降低 30.36、31.27 个百分点，合计产生年总节电量 4.10 万 kW·h。

(2) 无功补偿装置应用改造

结合主网档案参数、配变有功无功电量以及无功补偿装置投运数据，并结合各主变有功、无功功率数据开展理论线损计算，分析案例区域功率因数不达标主变及其无功缺量。基于分析结果，计划对该区域 1 台 110 千伏主变、1 台 35 千伏主变进行无功补偿装置改造，包括针对 110 kV 某变电站及 35 kV 某变电站以增设变电站电容器的方式实现无功就地补偿。

改造前两台主变的功率因数均为 0.89，改造后均上升至 0.96，合计产生年总节能电量 160.48 万 kW·h。

(3) 并列运行变压器开停控制

紧密结合案例区域各主变基础参数及运行负荷数据，深入分析单台和多台主变在不同负荷变动下的线损特性，并针对该区域季节性负荷需求，计划对该区域 21 座变电站进行开停控制，即变电站所带区域负荷需求较低时运行单台主变，负荷需求较高时两台主变并列运行，实现主变最优经济运行。

以 110 kV 某变电站为例，该站并列运行 2 台变压器，负载率分别为 12.84%、18.65%，停运负载率为 12.84% 的变压器后，另一台变压器负载率提升至 31.49%，以此推广到案例区域其他 20 座待改造变电站，合计产生年总节省电量 155.92 万 kW·h。

2. 输电线路升级改造

结合主网拓扑，开展案例区域主网理论线损计算并进行深入分析，针对该区域高损输电线路，计划对区域内 19 条线路进行升级改造，包括将导线型号为 LGJ-120-20 的 110 kV 某线路更换为 LGJ-150，导线型号为 LGJ-95 的 35 kV 某路更换为 LGJ-120，导线型号为 LGJ-120 的 35 kV 某线路更换为 LGJ-150/25 等，旨在有效降低主网输电损耗。

改造前案例区域输电线路线损率为 2.54%，改造后降低至 1.98%，下降 0.56 个百分点，合计产生年总节电量 672.58 万 kW·h。

3. 配电设备升级改造

配变设备升级改造主要涉及配网无功补偿装置应用改造、三相不平衡治理改造、有载调容调压变压器节能运行改造、台区经济电压运行改造四个方面,具体如下。

(1) 配网无功补偿装置应用改造

结合案例区域配网档案参数、配变有功无功电量以及无功补偿装置投运数据,并结合各配变有功、无功功率数据开展理论线损计算,分析该区域功率因数不达标配变及其无功缺量,基于分析结果,计划对该区域 11 台配变进行无功补偿装置改造,包括针对某台区加装带有无功补偿的低压综合配电箱,补偿容量为 15 kvar;针对另一台区加装带有无功补偿的低压综合配电箱,补偿容量为 30 kvar 等旨在实现无功就地补偿。

以 10 kV 某变电站为例,改造前该配变的功率因数为 0.88,改造后提升至 0.97,以此推广到案例区域其他 10 台待改造配变,合计产生年总节电量 9.39 万 kW·h。

(2) 三相不平衡治理改造

结合案例区域各配变出口历史三相电流数据开展深入分析,定位三相不平衡台区,基于分析结果,计划对该区域共计 39 个台区进行三相不平衡治理,实现用户—表箱—分支—主干—配变出口四级三相平衡。

以某配变台区为例,改造前该台区三相不平衡度为 78.7%,改造后大幅降低至 10.2%,下降 68.5 个百分点,以此推广到区域其他 38 个待改造台区,改造后合计产生年总节电量 31.15 万 kW·h。

(3) 台区经济电压运行改造

结合某区域配变基础参数即运行负荷数据开展深入分析,定位该区域由于供电半径过长,末端电压较低导致的非经济运行配变。基于分析结果,针对非经济运行配变,计划对该区域共计 5 台配变进行升级改造,包括针对线路电缆型号为 LGJ-50 地埋线缆的某配变台区增加有载调压变并配置配电网自动电压无功控制(AVQC)装置;针对线路电缆型号为 LGJ-70 地埋线缆的某配变台区增加有载调压变并配置配电网自动电压无功控制(AVQC)装置等旨在实现配变最优经济运行。

以某配变台区为例,改造前台区电压为 188.7 V,改造后上升至 230 V,提升 21.89%,以此推广到区域其他 4 个待改造台区,合计产生年总节电量 12.06 万 kW·h。

参考文献

[1] 吴嘉琦.电网线损及降损措施分析[J].光源与照明,2023(5):243-245.

[2] 江涛,叶利,刘洋.电网线损管理与降损措施[J].中国电力企业管理,2017(36):48-49.

[3] 党三磊,李健,肖勇,等.线损与降损措施[M].北京:中国电力出版社,2013.

[4] 李泉海.电网线损计算与降损措施[M].北京:中国水利水电出版社,2013.

[5] 刘宏新.能源互联网企业建设背景下的线损精益管理[M].北京:中国电力出版社,2021.

[6] 张营.优化配电变压器极限线损率的措施[J].电子技术与软件工程,2017(18):241.

[7] 杨光绪,兰生,李志川.计及不同天气情况下电晕损耗的特高压交流输电线路损耗计算方法[J].电工技术,2023(19):182-188+191.

[8] 夏金鑫.电能计量与线损管理分析和应用[D].南京:东南大学,2021.

[9] 徐凌燕.电网线损模型研究及线损管理系统的开发[D].北京:华北电力大学,2011.

[10] 张佳轩.基于电力大数据的低压台区线损管理[D].汉中:陕西理工大学,2020.

[11] 张恺凯,杨秀媛,卜从容,等.基于负荷实测的配电网理论线损分析及降损对策[J].中国电机工程学报,2013,33(S1):92-97.

[12] 叶臻,叶鹏,程绪可,等.供电网络线损计算研究综述[J].沈阳工程学院学报(自然科学版),2022,18(2):58-64.

[13] 朱凌霄,谭向东,袁普中,等.电网理论线损计算及降损研究[J].低碳世界,2019,9(11):90-91.

[14] 李建坤,刘铭俊,吴婷婷.线损理论计算在电网规划和运行管理中的应用[J].科技创新与应用,2017(3):203-204.

[15] 刘慧慧.配电网理论线损计算及降损策略研究[D].青岛:青岛大学,2018.

[16] 钟镇浩.配电网理论线损计算方法及降损措施研究[D].广州:华南理工大学,2016.

[17] 黄建安.配网线损计算方法及降损措施研究[D].广州:华南理工大学,2016.

[18] 舒四海.电力系统潮流计算及无功优化[D].青岛:青岛大学,2016.

[19] 刘乐.基于牛顿拉夫逊法的含分布式电源配电网潮流计算[D].石家庄:河北科技大学,2018.

[20] 全国电力电子系统和设备标准化技术委员会.高压直流换流站损耗的确定:GB/T 20989—2017[S].北京:中国标准出版社,2017.

[21] 张红.35 kV 供配电系统损耗计算方法研究[D].北京:中国地质大学,2021.
[22] 张立平,李合生,闫士伟.浅析 35 kV 线损的理论计算[J].河北企业,2013(8):126-127.
[23] 王帅.交直流互联电网分布式状态估计和潮流计算的研究[D].北京:华北电力大学,2021.
[24] 赵光锋,李欣唐,聂钢,等.基于电晕损耗计算的特高压交流同塔双回输电线路损耗特性[J].科学技术与工程,2018,18(30):177-182.
[25] 王邦林,沙桐.高压输电线路等值物理模型参数和高海拔区域电晕损耗分析[J].价值工程,2023,42(24):129-131.
[26] 宋滕飞.10 kV 电网线路损耗特性及降损措施的研究[D].济南:山东大学,2019.
[27] 赵阳.10 kV 配电网线损计算方法研究[J].电气技术与经济,2024(3):72-74.
[28] 李雨莹.含高比例分布式电源的配网理论线损计算研究[D].北京:华北电力大学,2023.
[29] 刘辉.低压电网线损计算与管理系统的研究[D].郑州:郑州大学,2009.
[30] 刘雪茹,张栩,曹泽兴,等.0.4 kV 低压台区线损理论计算及分析[J].贵州电力技术,2013,16(5):63-65+21.
[31] 孟天璇.配电网同期线损分析及降损措施研究[D].济南:山东大学,2020.
[32] 王川.基于配网线路同期线损计算的配网线路线损管理[D].扬州:扬州大学,2020.
[33] 孙天龙.谈线损"四分"管理中影响分台区统计线损的因素[J].民营科技,2016(12):105.
[34] 杨燕生.线损四分管理信息系统设计与应用[D].成都:电子科技大学,2014.
[35] 谢玉武.线损四分管理中的降损措施浅析[J].中国高新技术企业,2013(19):138-139.
[36] 王金生.线损的分线分台区精细化管理系统设计[D].长春:吉林大学,2014.
[37] 朱启扬.特大型城市电网的线损精细化管理研究[D].上海:上海交通大学,2016.
[38] 李昌杉.一体化电量与线损管理系统的设计与实现[D].大连:大连理工大学,2018.
[39] 黄心印.延平供电公司一体化线损管理系统的研究[D].福州:福州大学,2020.
[40] 樊志华.国网天府新区供电公司同期线损管理系统的设计与实现[D].成都:电子科技大学,2020.
[41] 周有金.电力系统台区线损分析系统的设计与实现[D].成都:电子科技大学,2020.
[42] 韩旭.基于采集全覆盖系统的台区同期线损统计平台[J].河北电力技术,2018,37(3):48-50.
[43] 李静巍.基于线损管理系统的日线损统计及分析研究[D].长春:吉林大学,2015.
[44] 郭炳庆,电网节能降损及能效评价体系关键技术研究及应用[Z].北京:国网中国电力科学研究院,2013.
[45] 施寅跃,付艳兰.地区电网线损过程管理评价体系研究[J].云南电力技术,2018,46(5):46-48.